3학년에게 꼭 필요한

분수와 소수

[수학 익힘책]

KB025353

구성과 특징

● **3학년에게 꼭 필요한 수학 익힘책**

수학 교육 트랜드에 맞게 수학 교육과정을 영역별 중요 단원으로 모아 계통 학습이 가능한 혼공 시대에 꼭 필요한 수학 테마 학습법입니다.

주제별 4쪽 기초 학력 강화!

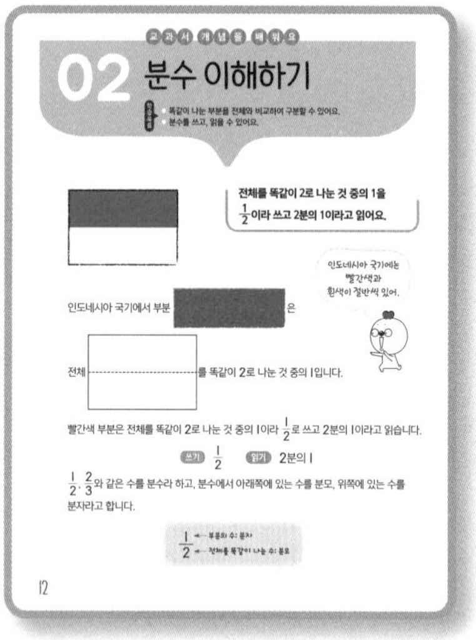

1 개념을 배워요

키워드 개념 학습으로 그림과 구조화된 개념 설명을 캐릭터를 이용하여 재미있게 이해하는 습관을 길러요!

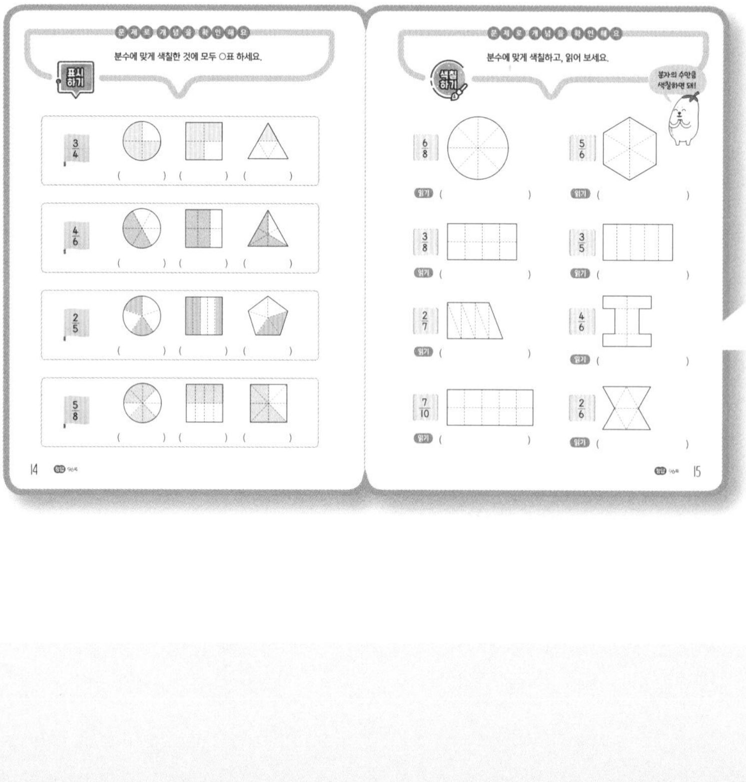

2 문제로 개념을 확인해요

다양한 활동 학습으로 정확하고 빠르게 푸는 습관을 길러요!

단원별 기초 문장제, 마무리 정리 학습!

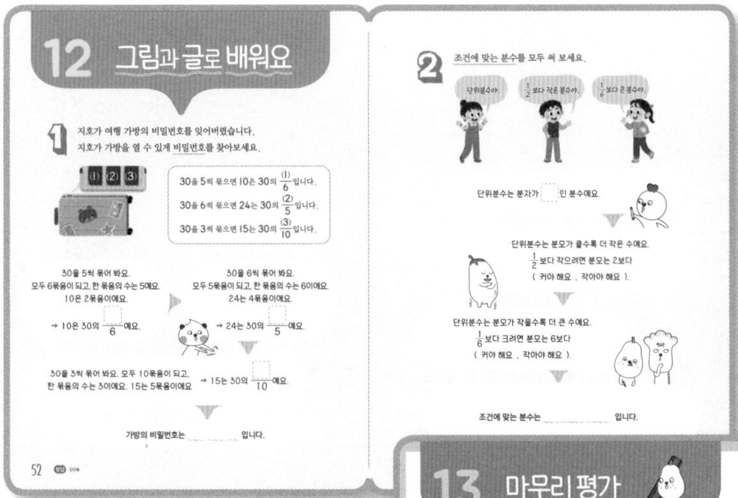

3 그림과 글로 배워요

그림을 이용한 문장제로 사고를 통해 해결하는 습관을 길러요!

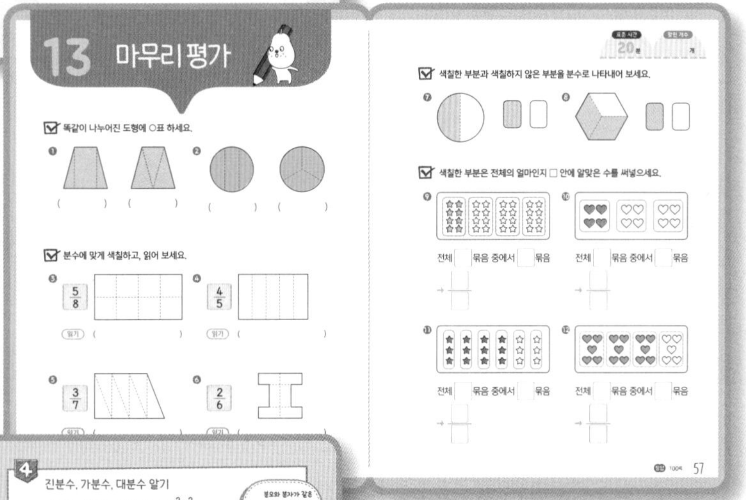

4 마무리 평가

자신의 학업 성취도를 평가해요!

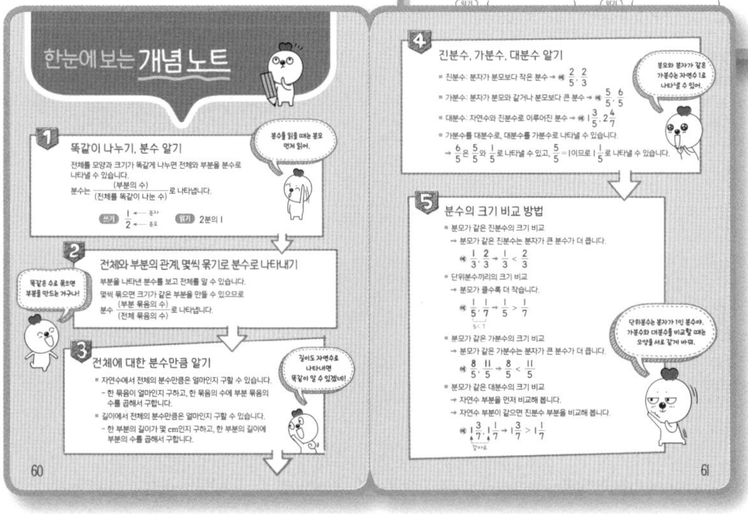

5 한눈에 보는 개념 노트

계통별로 핵심 개념을 정리해요!

차례

3학년에게 꼭 필요한
분수와 소수

1. 분수

구분	단원명	내용
3학년 1학기	분수와 소수	• 전체를 똑같이 나눌 수 있습니다. • 전체와 부분의 관계를 분수로 나타낼 수 있고, 쓰고 읽을 수 있습니다. • 분모가 같은 분수끼리, 단위분수끼리 크기를 비교할 수 있습니다.
3학년 2학기	분수	• 진분수, 가분수, 대분수를 알고, 그 관계를 이해할 수 있습니다. • 대분수를 가분수로, 가분수를 대분수로 나타낼 수 있습니다. • 분모가 같은 여러 가지 분수의 크기를 비교할 수 있습니다.

2. 소수

구분	단원명	내용
3학년 1학기	각도	• 분모가 10인 진분수를 통하여 소수 한 자리 수를 이해하고 읽고 쓸 수 있습니다. • 소수의 크기를 비교할 수 있습니다.
4학년 2학기	소수의 덧셈과 뺄셈	• 소수 두 자리 수와 소수 세 자리 수를 이해하여 쓰고 읽을수 있습니다. • 소수들 사이의 관계를 알 수 있습니다. • 소수의 크기를 비교하는 방법을 알고 크기를 비교할 수 있습니다.

1. 분수

지도 가이드

분수와 소수 3학년 1학기

1. 똑같이 나누는 활동을 통해 부분과 전체의 관계로 분수를 알 수 있습니다.
2. 분모가 같은 진분수의 크기를 비교할 수 있고, 단위분수의 크기를 비교할 수 있습니다.

분수 3학년 2학기

1. 몇씩 묶어 보는 활동을 통해 전체에 대한 분수만큼은 얼마인지 알 수 있습니다.
2. 진분수, 가분수, 대분수를 알고 대분수를 가분수로, 가분수를 대분수로 나타낼 수 있습니다.
3. 분모가 같은 대분수의 크기를 비교할 수 있습니다.

학습 계획표

번호	쪽수	공부한 날	성취도
01	8~11쪽	월 일	☺ 😐 ☹
02	12~15쪽	월 일	☺ 😐 ☹
03	16~19쪽	월 일	☺ 😐 ☹
04	20~23쪽	월 일	☺ 😐 ☹
05	24~27쪽	월 일	☺ 😐 ☹
06	28~31쪽	월 일	☺ 😐 ☹
07	32~35쪽	월 일	☺ 😐 ☹
08	36~39쪽	월 일	☺ 😐 ☹
09	40~43쪽	월 일	☺ 😐 ☹
10	44~47쪽	월 일	☺ 😐 ☹
11	48~51쪽	월 일	☺ 😐 ☹
12	52~55쪽	월 일	☺ 😐 ☹
13	56~59쪽	월 일	☺ 😐 ☹

교과서 개념을 배워요

01 똑같이 나누기

학습목표 ● 여러 가지 모양을 똑같이 나눌 수 있어요.

똑같이 나누면 나누어진 부분들의 모양과 크기가 같아요.

피자를 똑같이 둘로 나누기

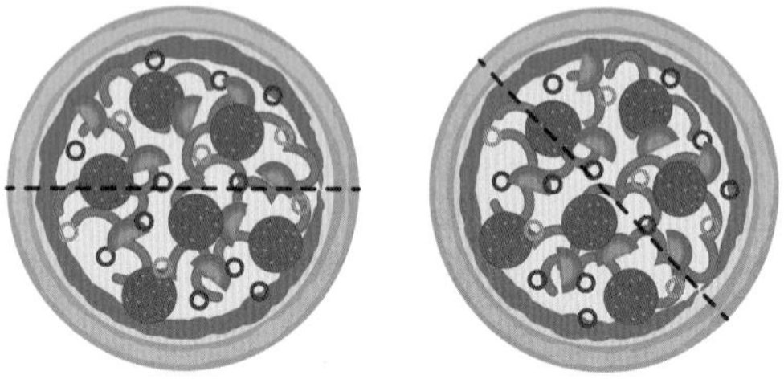

나누어진 두 조각의 모양과 크기가 같습니다.

피자를 똑같이 넷으로 나누기

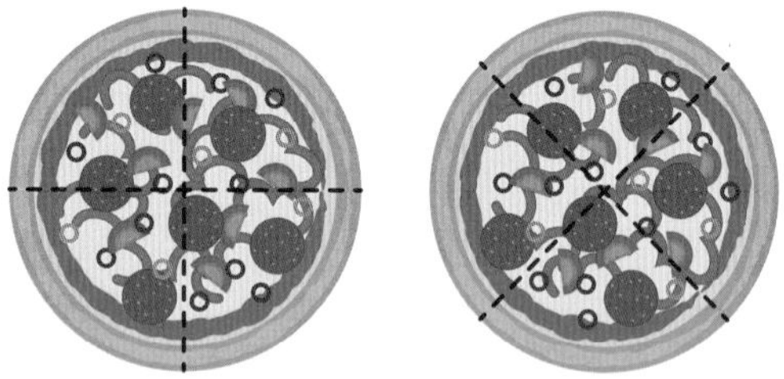

나누어진 네 조각의 모양과 크기가 같습니다.

개념 문제 사각형 모양의 와플을 똑같이 나누어 먹으려고 합니다.
나누어 먹는 친구들의 수에 따라 와플에 선을 그어 보세요.

2명

예 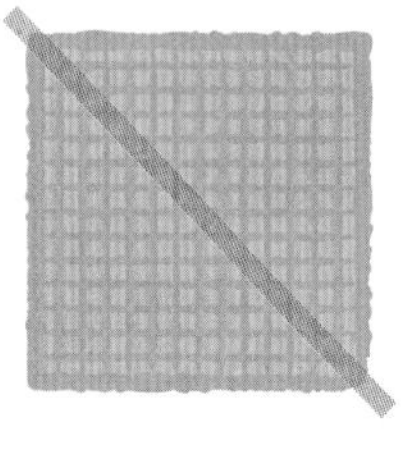

3명

예 

4명

예 

문제로 개념을 확인해요

표시하기

똑같이 나누어진 도형에 ○표 하세요.

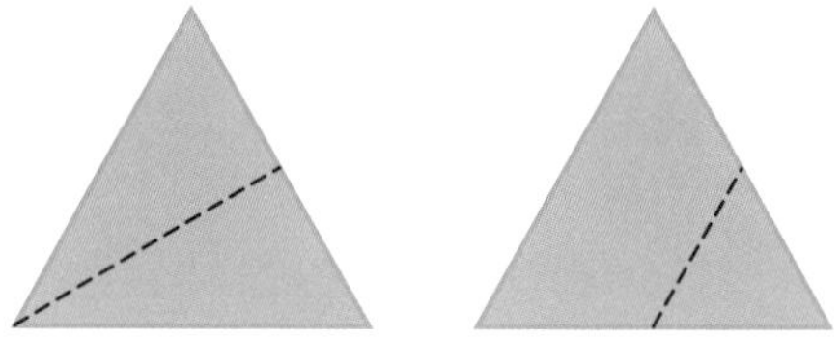

(　　　　) (　　　　)

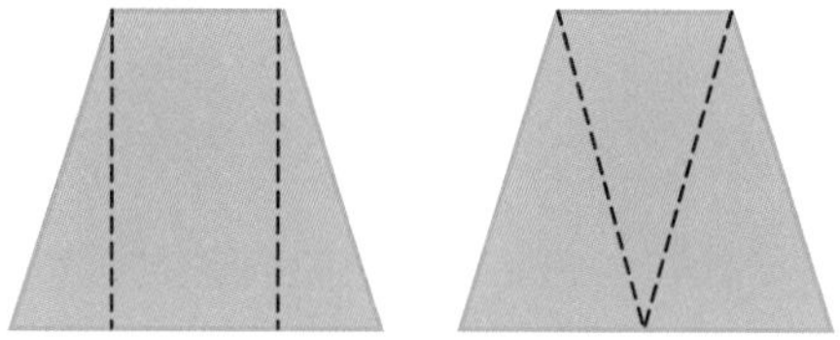

(　　　　) (　　　　)

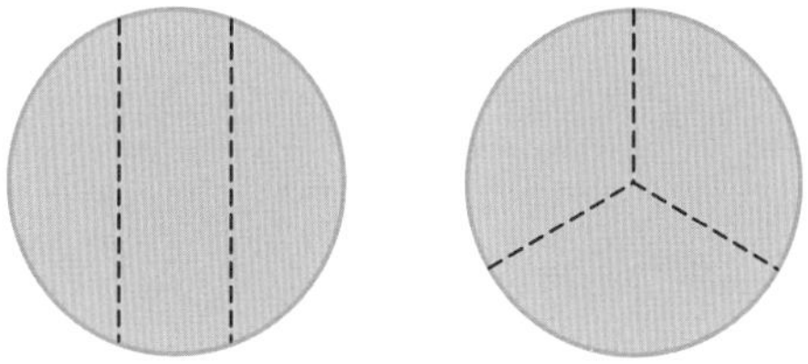

(　　　　) (　　　　)

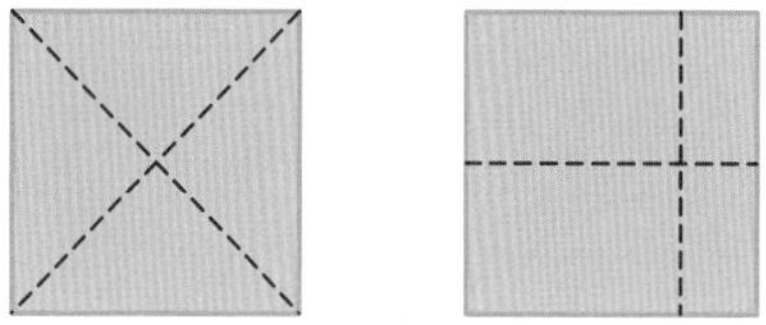

(　　　　) (　　　　)

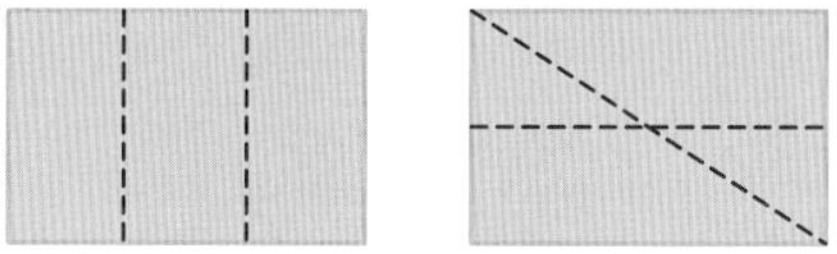

(　　　　) (　　　　)

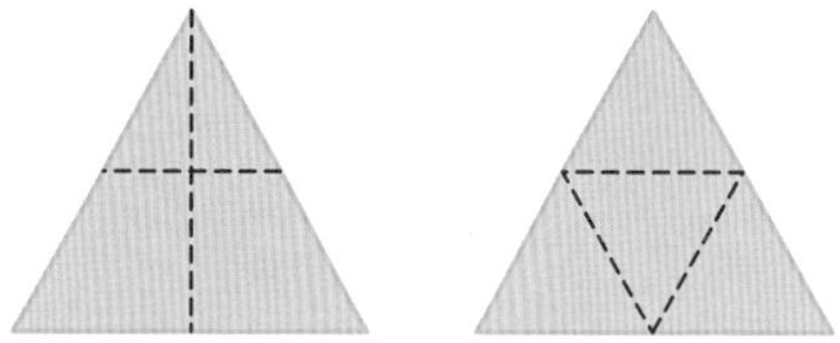

(　　　　) (　　　　)

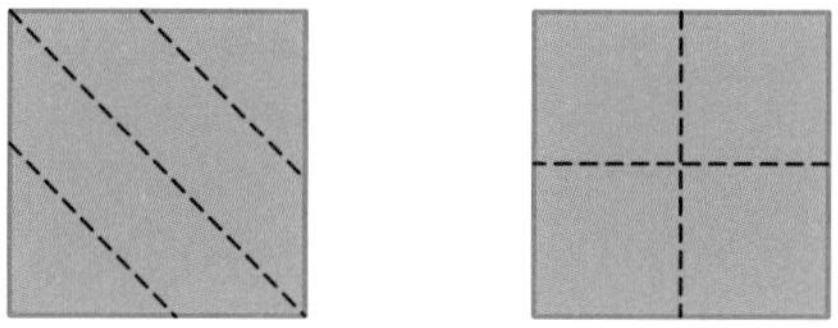

(　　　　) (　　　　)

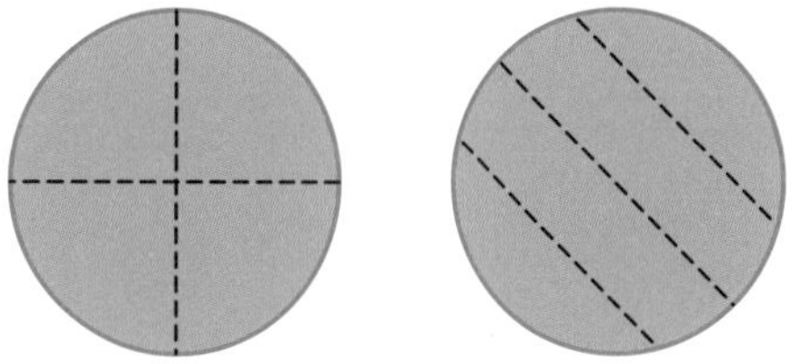

(　　　　) (　　　　)

정답 96쪽

문제로 개념을 확인해요

쓰기

똑같이 나누어진 그림을 모두 찾아 기호를 쓰세요.

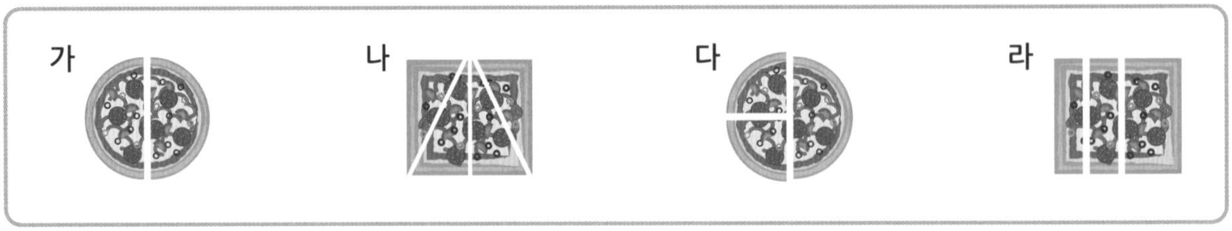

(   )

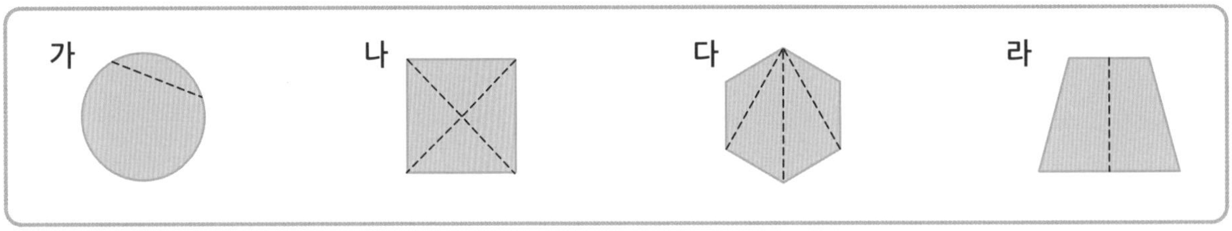

(   )

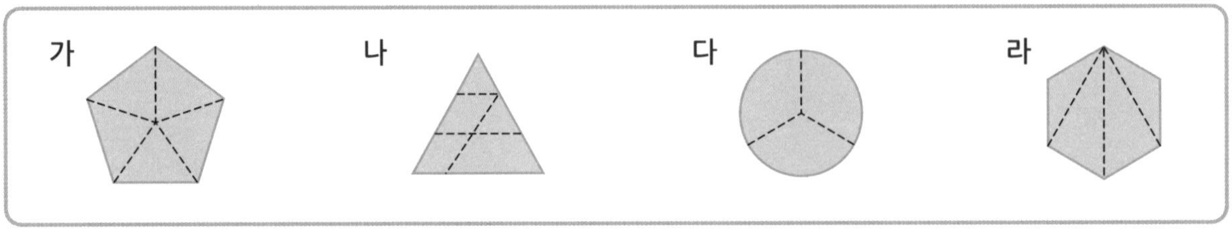

(   )

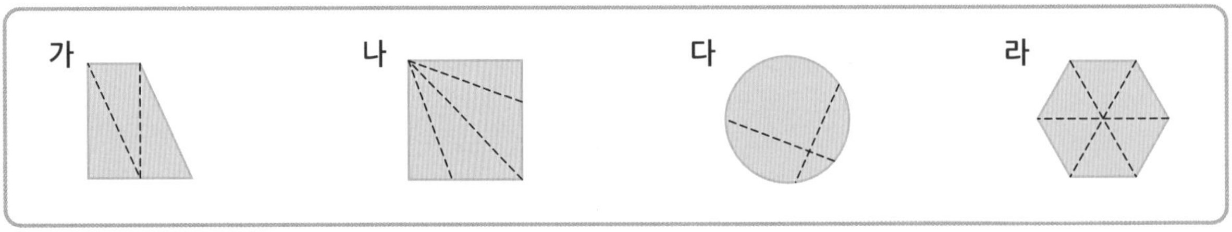

(   )

정답 96쪽

그리기

점을 이용하여 도형을 똑같이 나누어 보세요.

똑같이 둘로 나누기

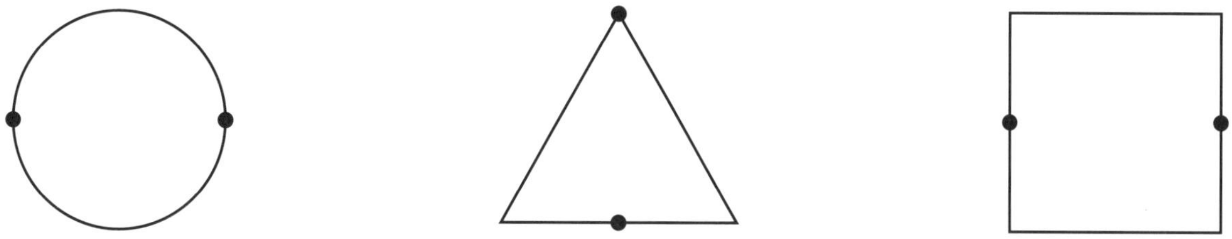

똑같이 셋으로 나누기

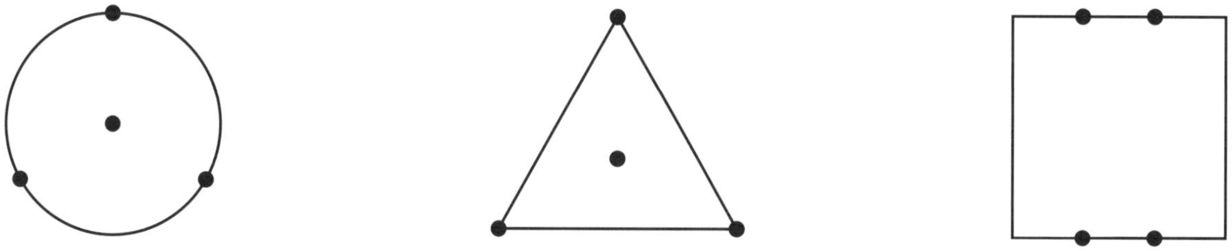

똑같이 넷으로 나누기

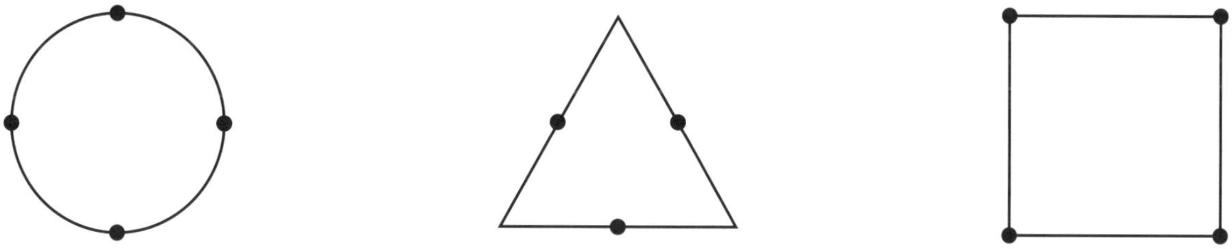

똑같이 여섯으로 나누기

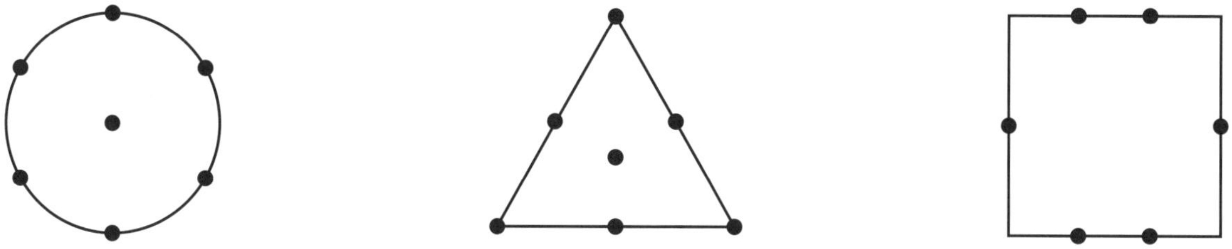

정답 96쪽

교과서 개념을 배워요

02 분수 이해하기

학습목표
- 똑같이 나눈 부분을 전체와 비교하여 구분할 수 있어요.
- 분수를 쓰고, 읽을 수 있어요.

전체를 똑같이 2로 나눈 것 중의 1을 $\frac{1}{2}$이라 쓰고 2분의 1이라고 읽어요.

인도네시아 국기에서 부분  은

전체 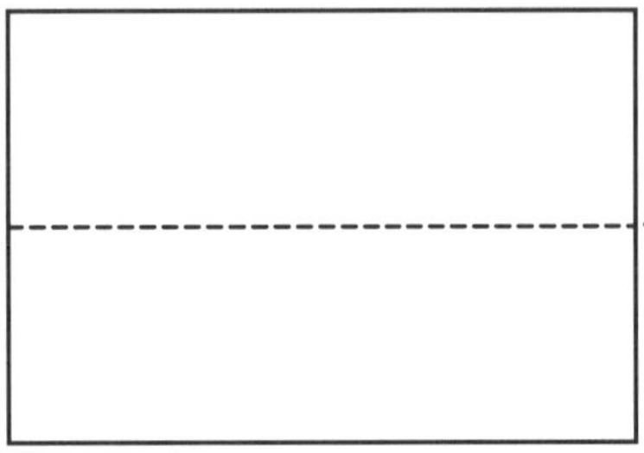 를 똑같이 2로 나눈 것 중의 1입니다.

빨간색 부분은 전체를 똑같이 2로 나눈 것 중의 1이라 $\frac{1}{2}$로 쓰고 2분의 1이라고 읽습니다.

쓰기 $\frac{1}{2}$ 읽기 2분의 1

$\frac{1}{2}$, $\frac{2}{3}$와 같은 수를 분수라 하고, 분수에서 아래쪽에 있는 수를 분모, 위쪽에 있는 수를 분자라고 합니다.

$\frac{1}{2}$
1 ← 부분의 수: 분자
2 ← 전체를 똑같이 나눈 수: 분모

문 제 로 개 념 을 확 인 해 요

쓰기

부분은 전체의 얼마인지 □ 안에 알맞은 수를 써넣으세요.

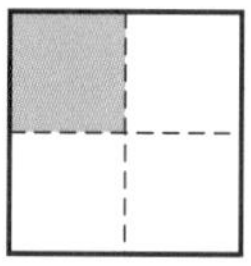

부분  은 전체 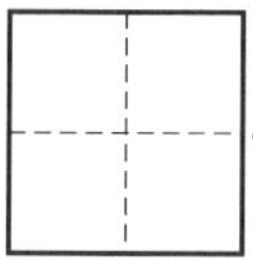 를 똑같이 □ (으)로

나눈 것 중의 □ 이므로 $\frac{□}{□}$ 입니다.

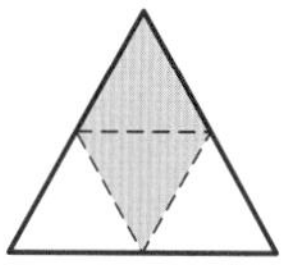

부분 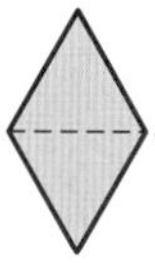 은 전체 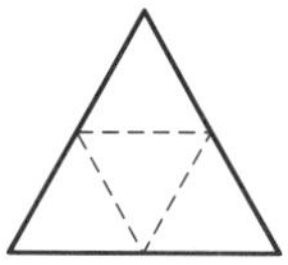 를 똑같이 □ (으)로

나눈 것 중의 □ 이므로 $\frac{□}{□}$ 입니다.

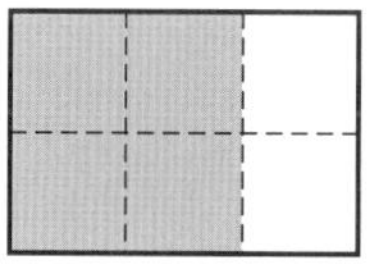

부분 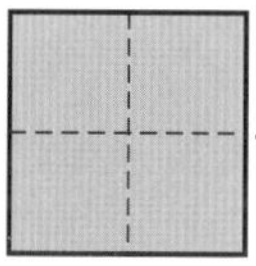 은 전체 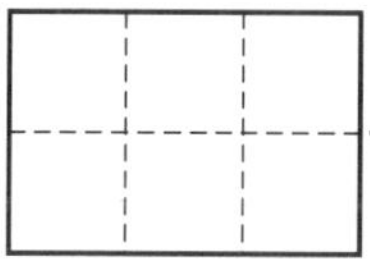 를 똑같이 □ (으)로

나눈 것 중의 □ 이므로 $\frac{□}{□}$ 입니다.

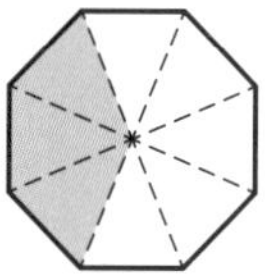

부분 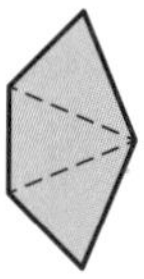 은 전체 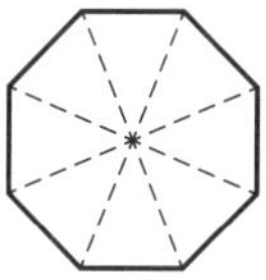 를 똑같이 □ (으)로

나눈 것 중의 □ 이므로 $\frac{□}{□}$ 입니다.

문제로 개념을 확인해요

표시하기

분수에 맞게 색칠한 것에 모두 ○표 하세요.

$\frac{3}{4}$

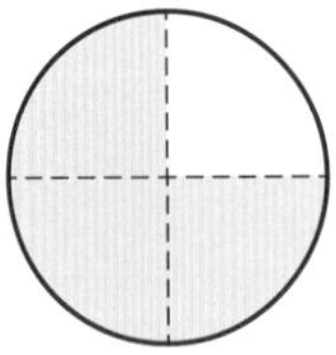 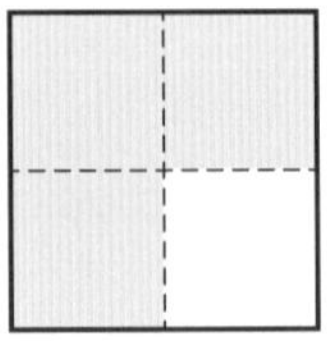 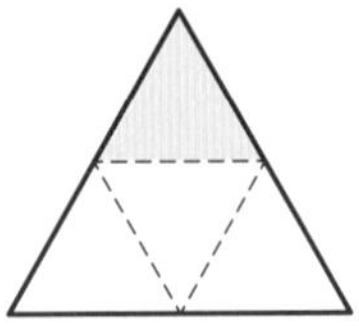

(　　　　) (　　　　) (　　　　)

$\frac{4}{6}$

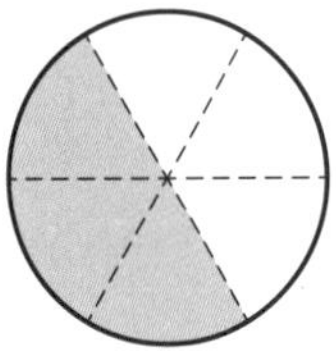 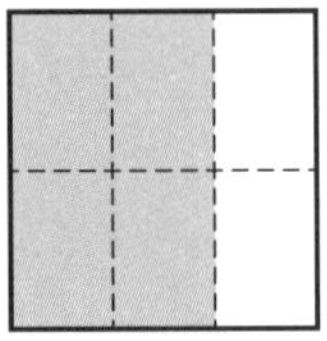 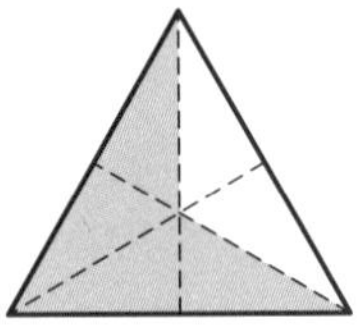

(　　　　) (　　　　) (　　　　)

$\frac{2}{5}$

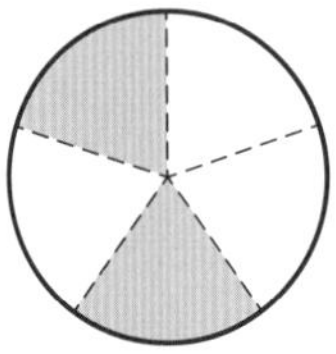 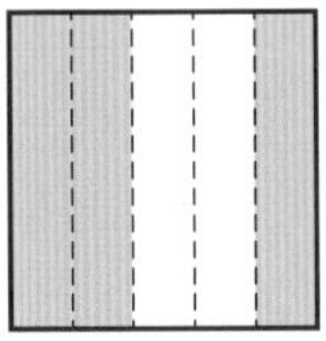 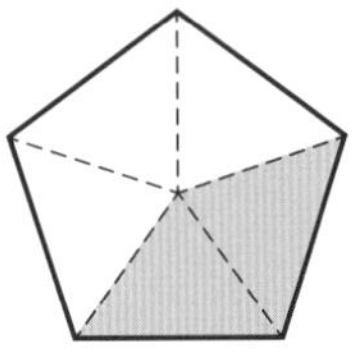

(　　　　) (　　　　) (　　　　)

$\frac{5}{8}$

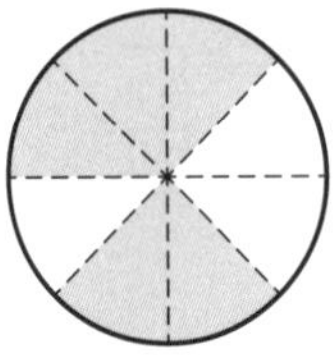 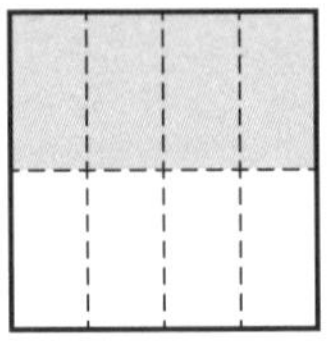 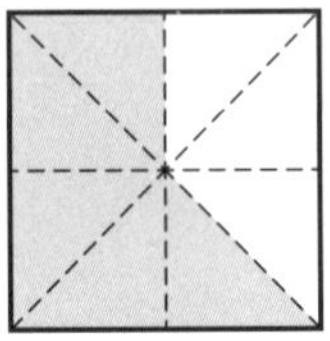

(　　　　) (　　　　) (　　　　)

정답 96쪽

문 제 로 개 념 을 확 인 해 요

색칠하기

분수에 맞게 색칠하고, 읽어 보세요.

$\frac{6}{8}$

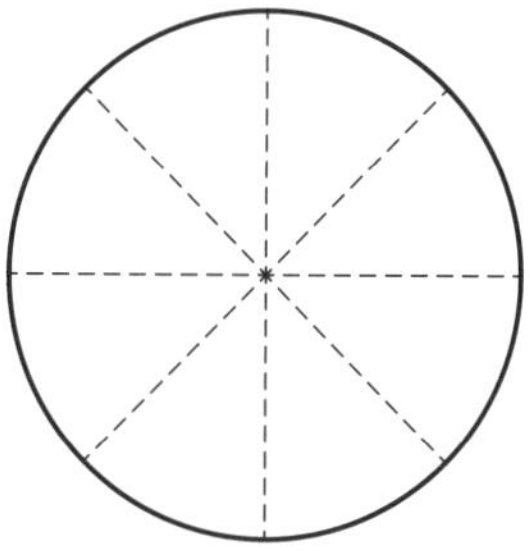

읽기 (   )

$\frac{5}{6}$

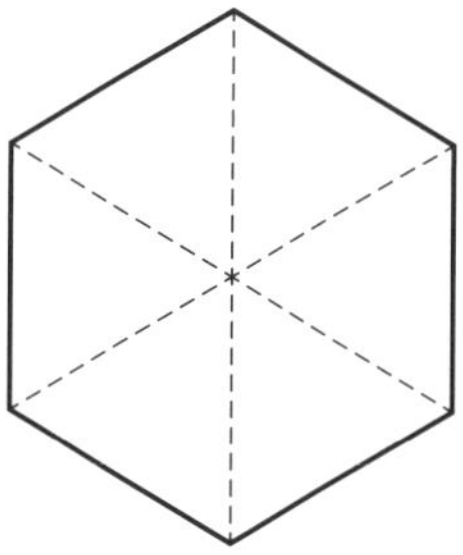

읽기 (   )

$\frac{3}{8}$

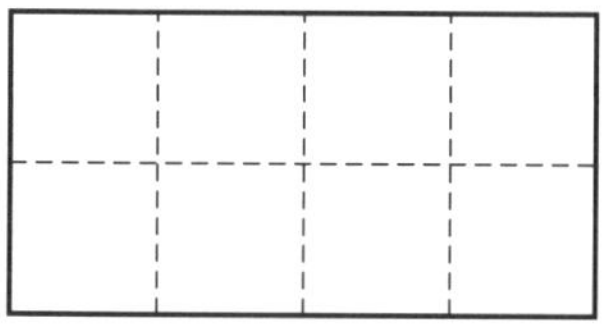

읽기 (   )

$\frac{3}{5}$

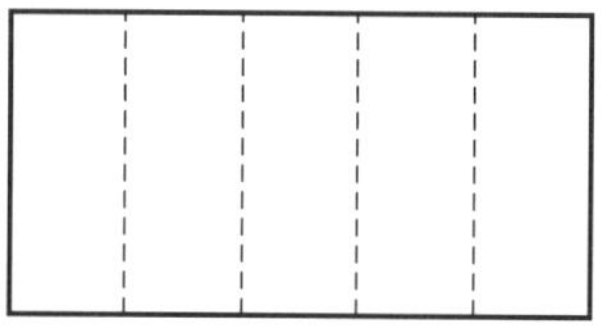

읽기 (   )

$\frac{2}{7}$

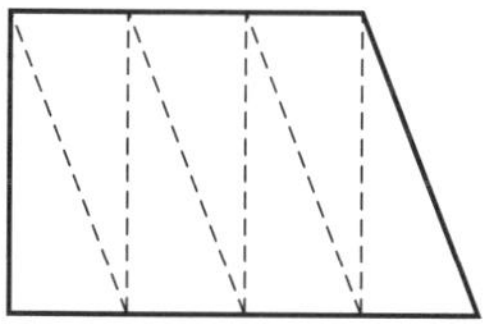

읽기 (   )

$\frac{4}{6}$

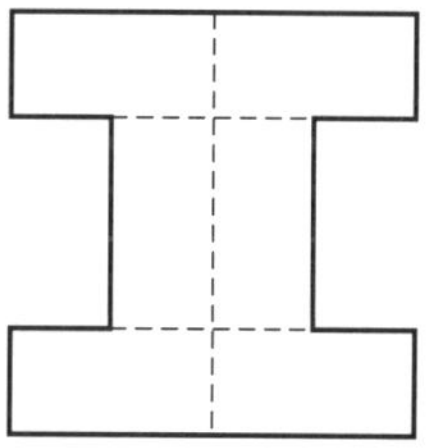

읽기 (   )

$\frac{7}{10}$

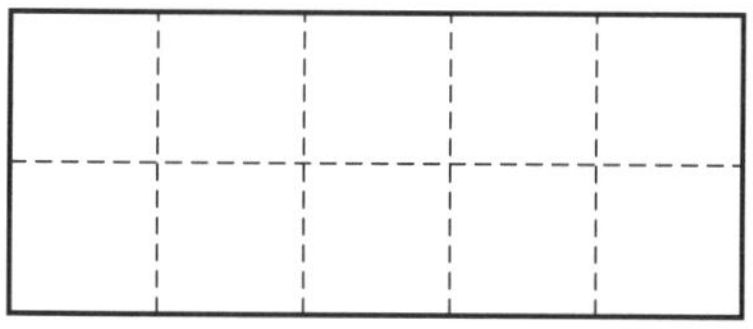

읽기 (   )

$\frac{2}{6}$

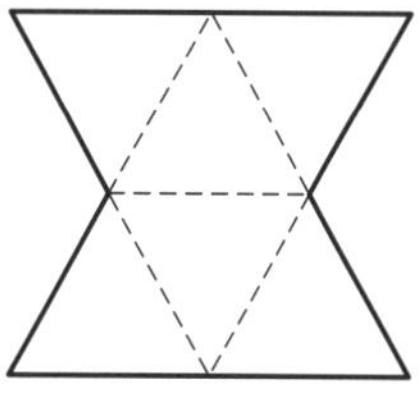

읽기 (   )

정답 96쪽

03 전체와 부분의 관계와 부분을 알 때 전체 알기

학습목표
- 전체와 부분의 관계를 알고 분수로 나타낼 수 있어요.
- 부분을 보고 전체를 찾을 수 있어요.

전체와 부분의 관계를 알고 부분을 보고 전체를 찾을 수 있어요.

먹은 부분은 1조각이고,
남은 부분은 7조각입니다.

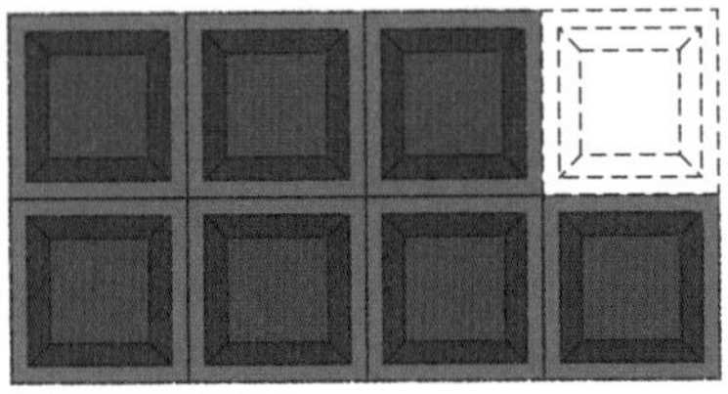

먹은 부분은 전체의 $\frac{1}{8}$입니다.

남은 부분은 전체의 $\frac{7}{8}$입니다.

분모에 전체의 수를 쓰고 분자에 부분의 수를 써서 나타낼 수 있습니다.

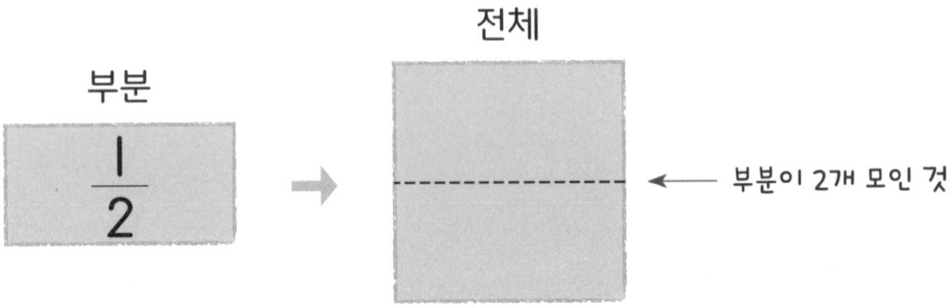

전체를 2로 똑같이 나눈 것 중의 1이므로 전체는 부분이 2개 모인 것과 같습니다.

개념 문제 색칠한 부분과 색칠하지 않은 부분을 분수로 바르게 나타낸 것에 ○표 하세요.

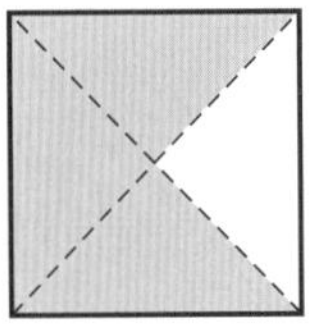 $\frac{3}{4}$ $\frac{1}{4}$

(○)

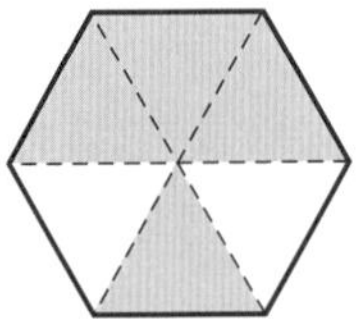 $\frac{2}{6}$ $\frac{4}{6}$

( )

문제로 개념을 확인해요

쓰기

색칠한 부분과 색칠하지 않은 부분을 분수로 나타내어 보세요.

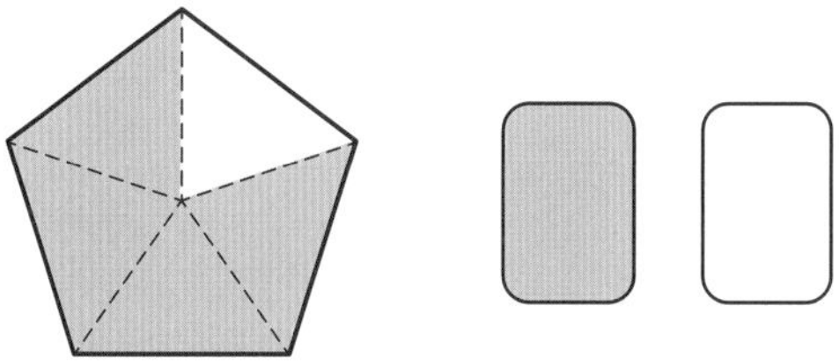

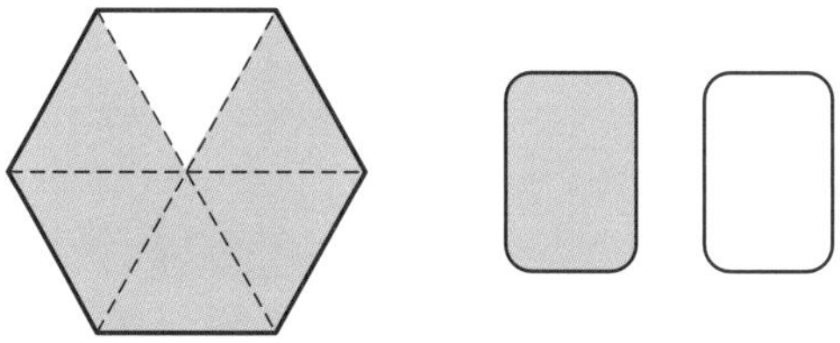

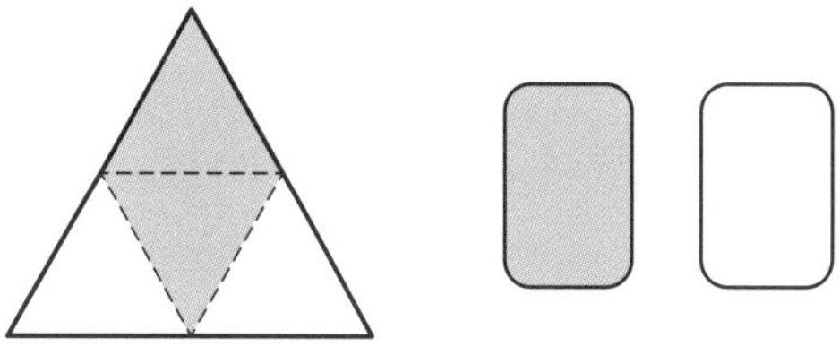

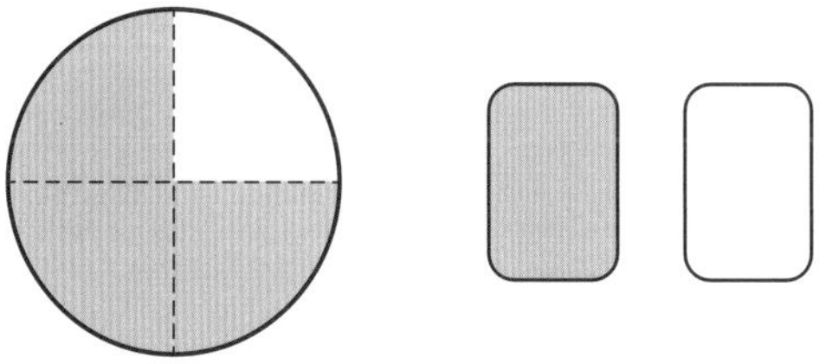

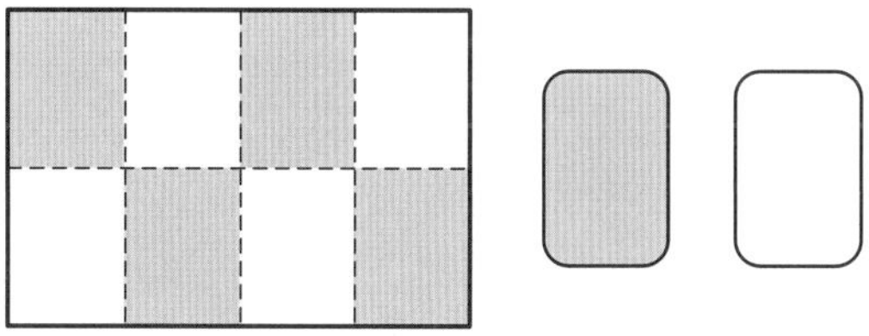

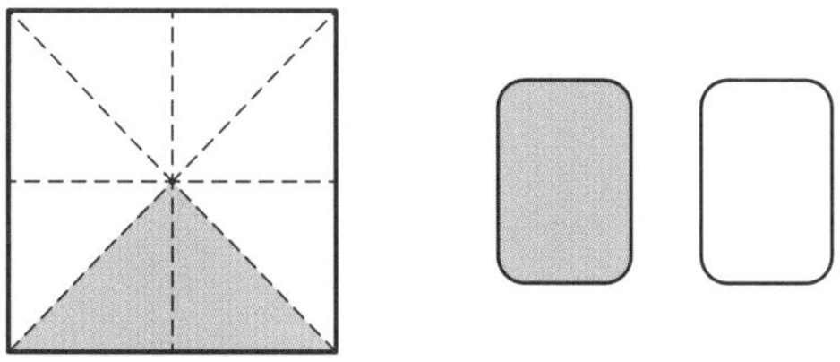

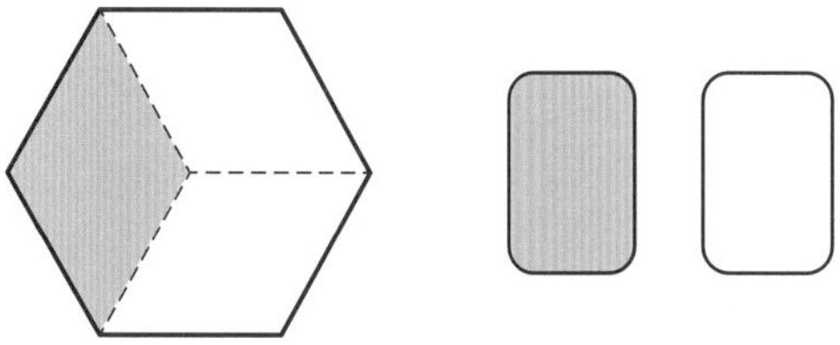

문제로 개념을 확인해요

표시하기

전체에 알맞은 도형을 찾아 ○표 하세요.

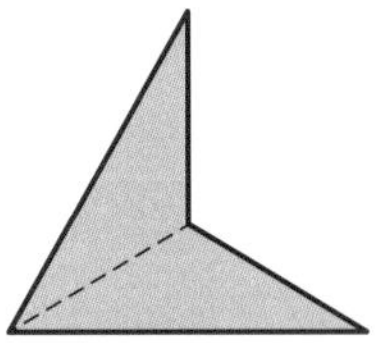

전체를 똑같이 3으로
나눈 것 중의 2입니다.

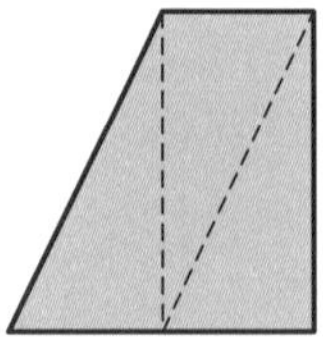
( )

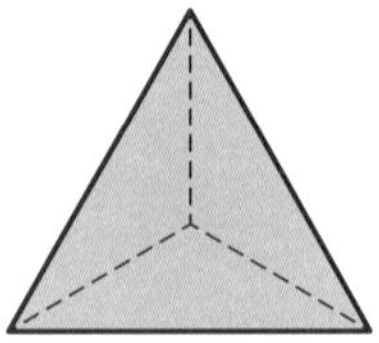
( )

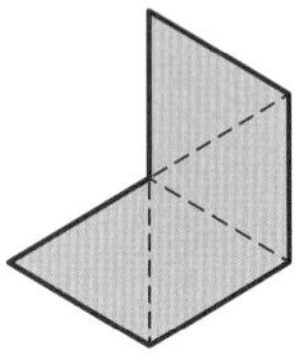

전체를 똑같이 6으로
나눈 것 중의 4입니다.

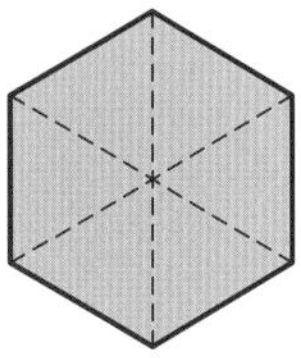
( )

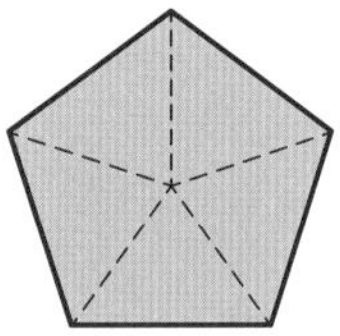
( )

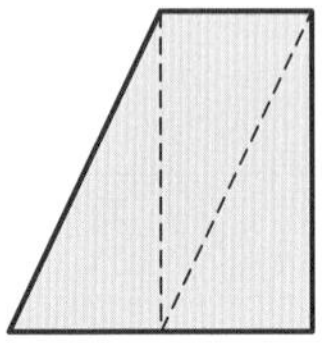

전체를 똑같이 5로
나눈 것 중의 3입니다.

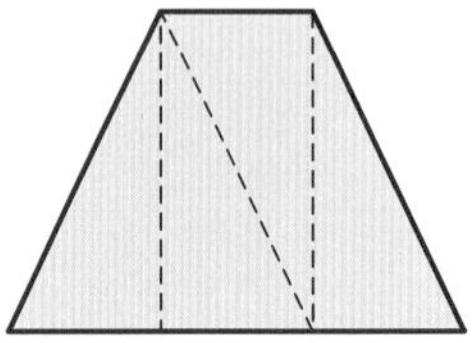
( )

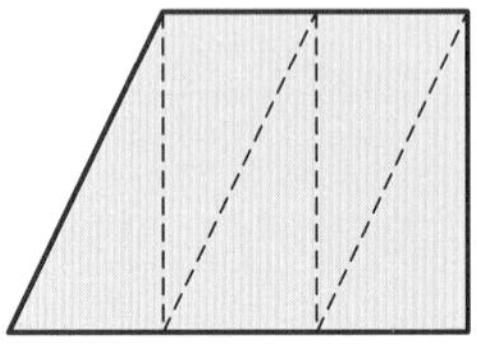
( )

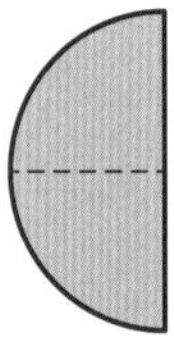

전체를 똑같이 4로
나눈 것 중의 2입니다.

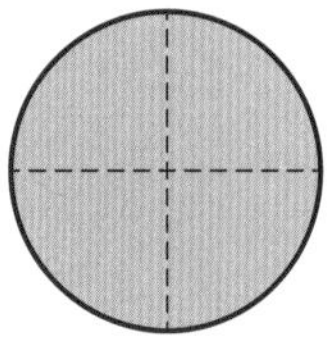
( )

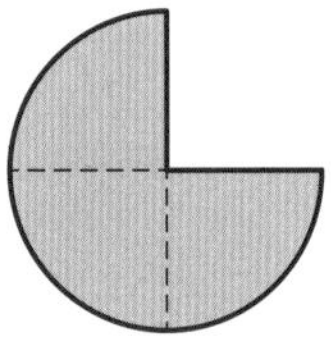
( )

정답 96쪽

문제로 개념을 확인해요

그리기

부분을 보고 전체를 그려 보세요.

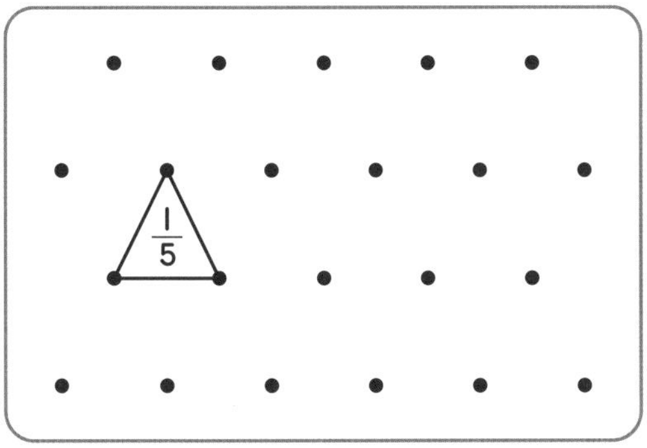

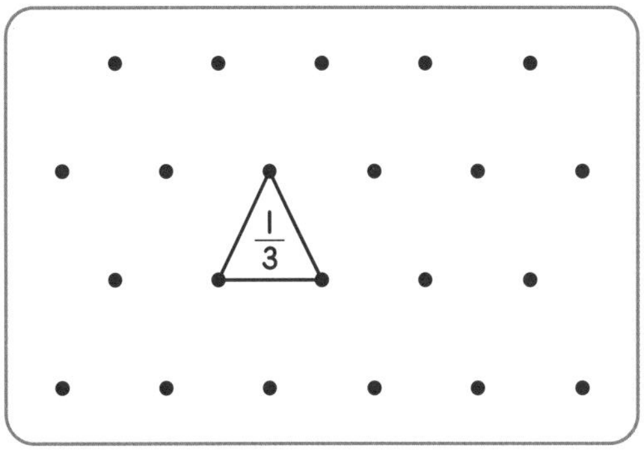

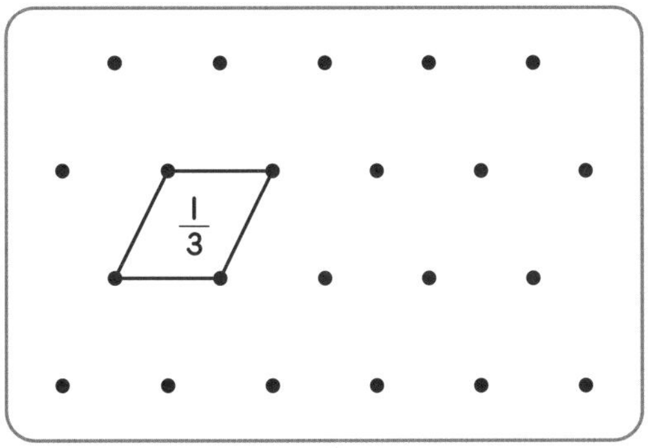

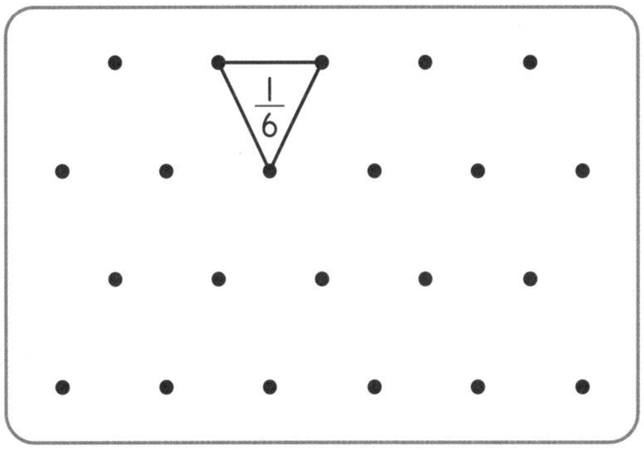

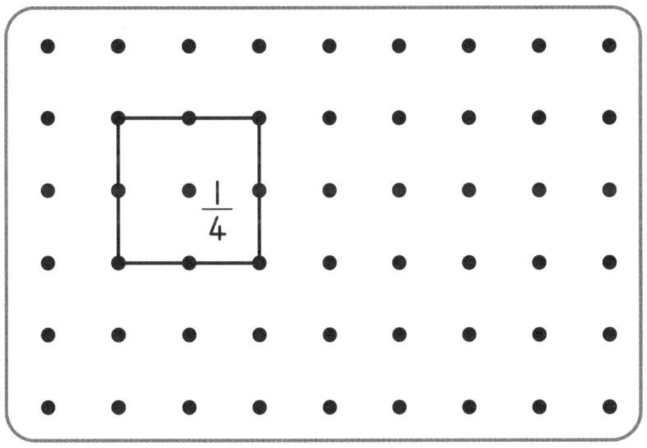

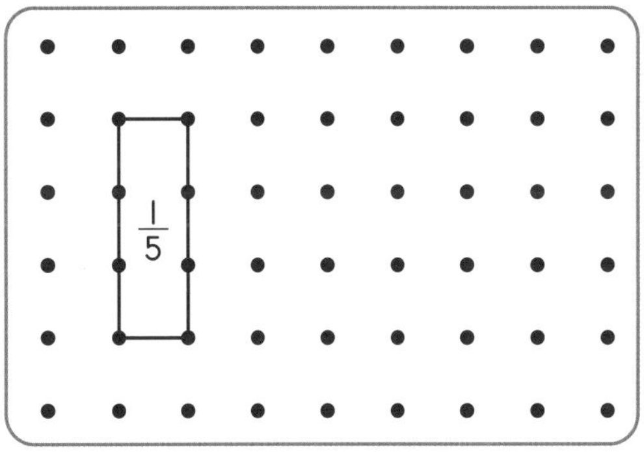

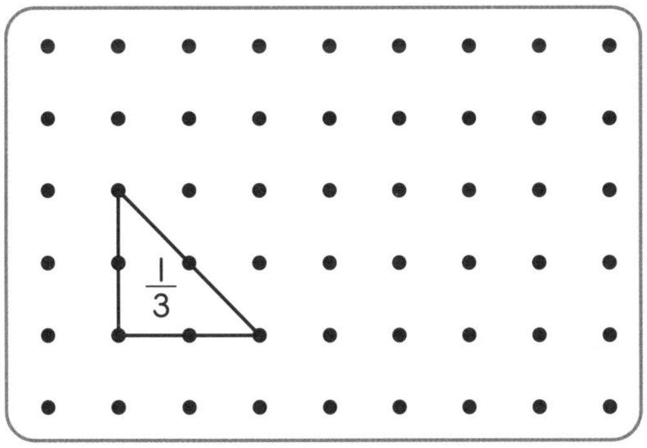

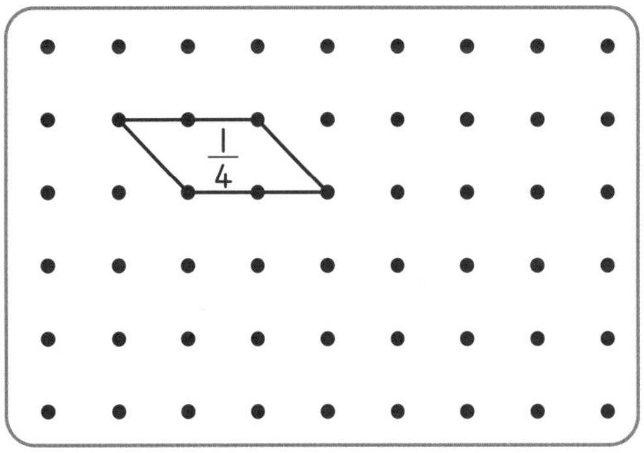

정답 96쪽

교과서 개념을 배워요

04 몇씩 묶어 보기

학습목표
- 전체를 똑같이 나눌 수 있어요.
- 전체를 똑같이 나눈 부분을 분수로 나타낼 수 있어요.

똑같은 수로 묶어서 전체를 나누고 분수로 나타낼 수 있어요.

축구공 8개를 똑같이 2부분으로 나누면

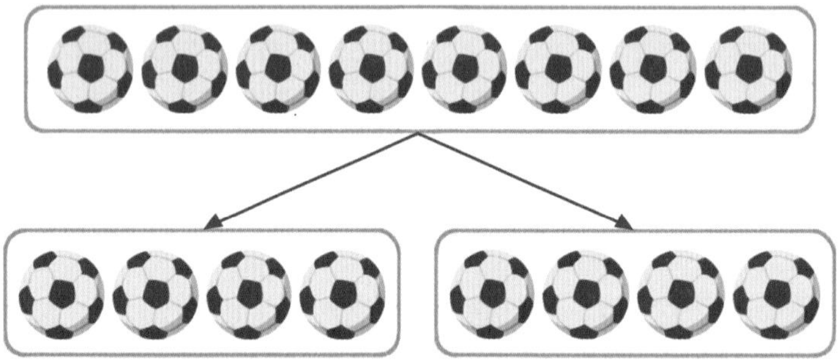

➜ 부분  은

전체를 똑같이 2부분으로 나눈 것 중의 1입니다.

$\frac{1}{2}$ ← 부분의 묶음 수 (1), 전체를 나눈 묶음 수 (2)

개념 문제

그림을 보고 □ 안에 알맞은 수를 쓰세요.

색칠한 부분은 3묶음 중에서 2묶음이므로

전체의 $\frac{2}{3}$ 입니다.

문 제 로 개 념 을 확 인 해 요

그리기

그림을 주어진 부분의 수로 똑같이 나누어 보세요.

5부분

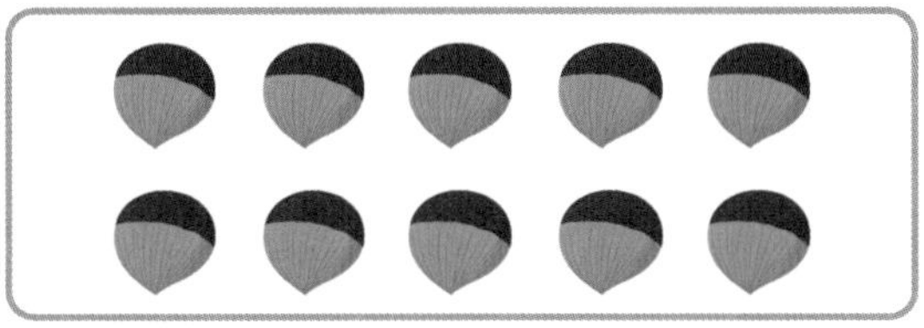

4부분

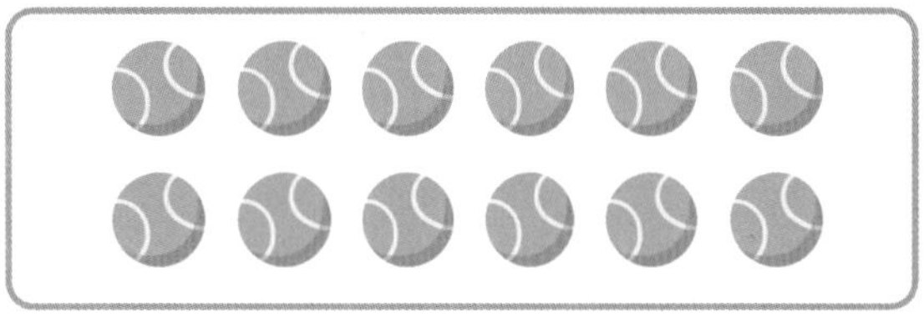

3부분

6부분

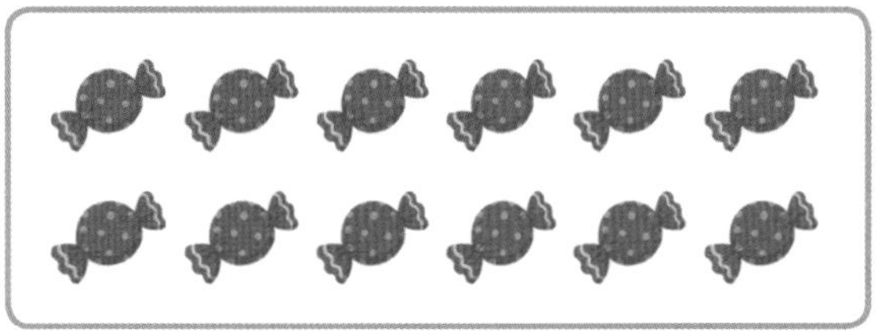

7부분

8부분

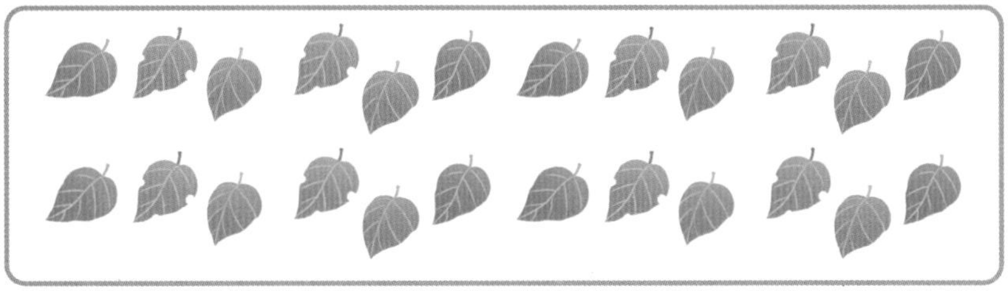

정답 97쪽

문제로 개념을 확인해요

쓰기

색칠한 부분은 전체의 얼마인지 □ 안에 알맞은 수를 써넣어 분수로 나타내세요.

→ $\frac{\square}{\square}$

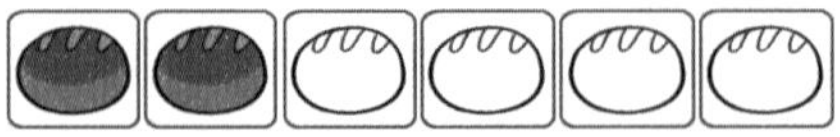

→ $\frac{\square}{\square}$

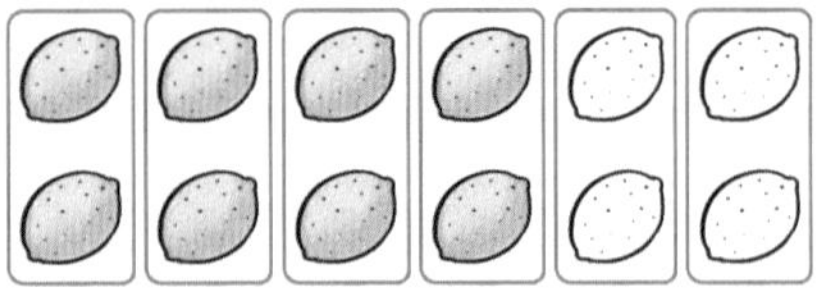

→ $\frac{\square}{\square}$

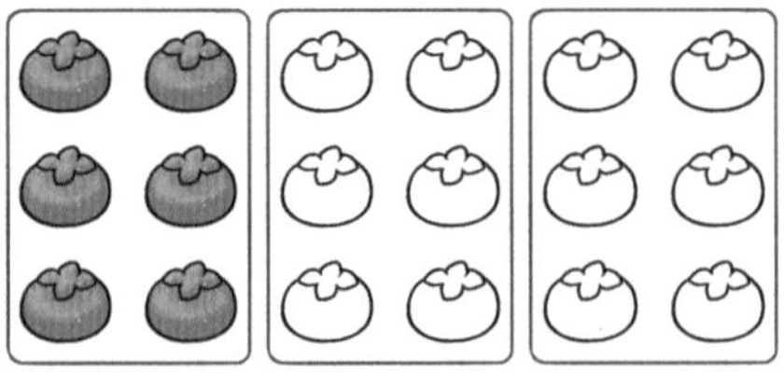

→ $\frac{\square}{\square}$

→ $\frac{\square}{\square}$

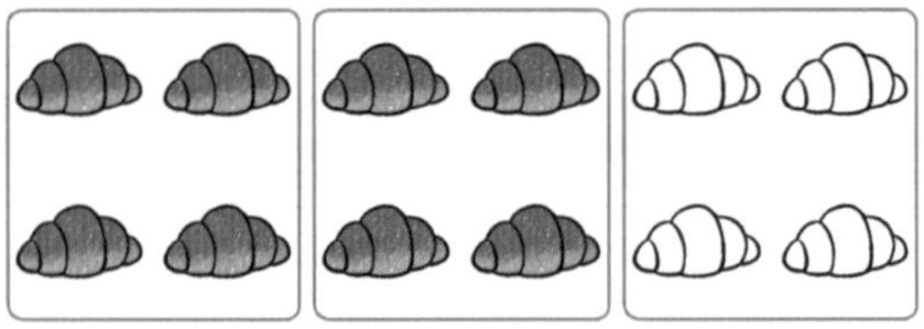

→ $\frac{\square}{\square}$

정답 97쪽

문제로 개념을 확인해요

표시하기

그림을 보고 바르게 말한 사람에 ○표 하세요.

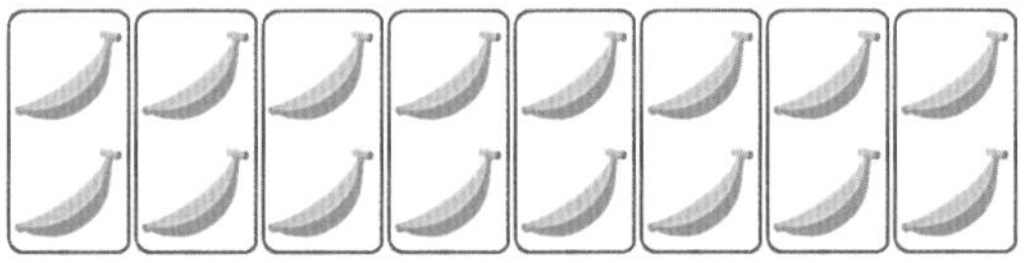

6은 16의 $\frac{2}{8}$야.　　14는 16의 $\frac{7}{8}$이야.

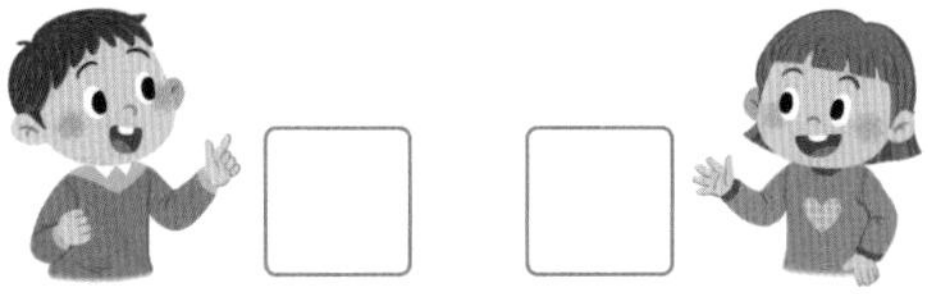

6은 18의 $\frac{3}{9}$이야.　　10은 18의 $\frac{6}{9}$이야.

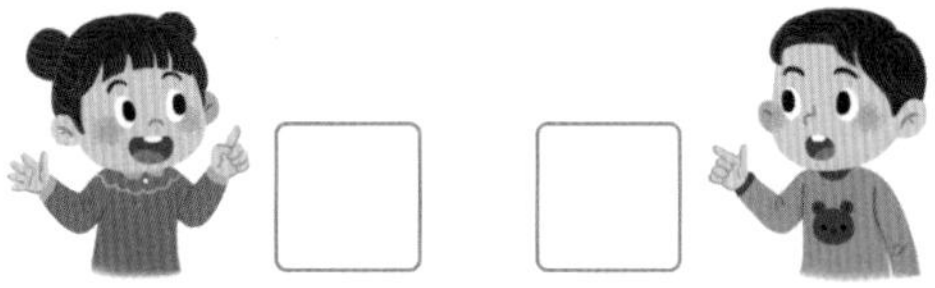

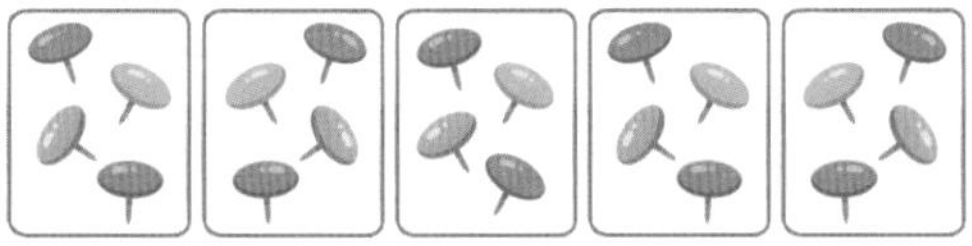

8은 20의 $\frac{2}{5}$야.　　12는 20의 $\frac{4}{5}$야.

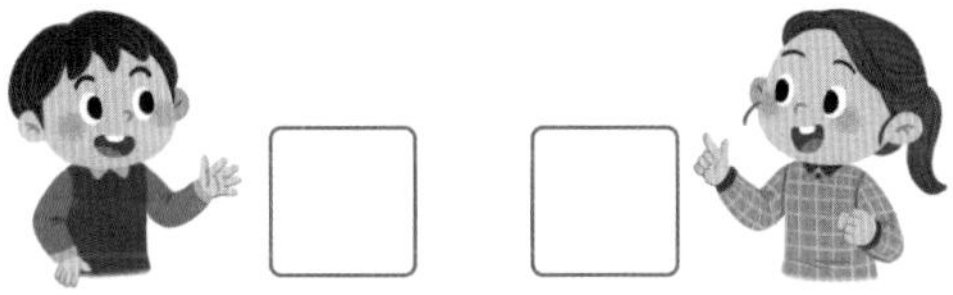

4는 14의 $\frac{3}{7}$이야.　　10은 14의 $\frac{5}{7}$야.

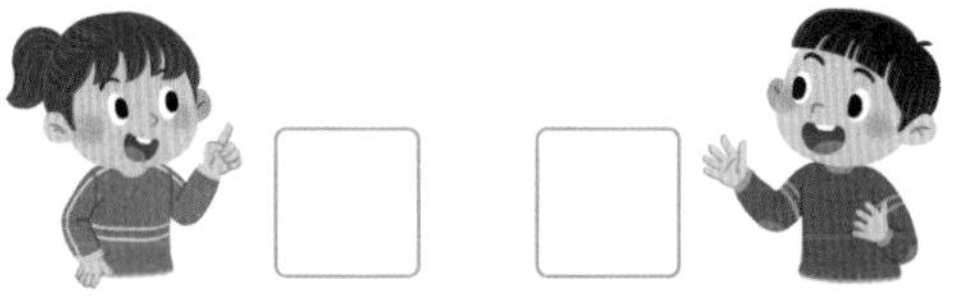

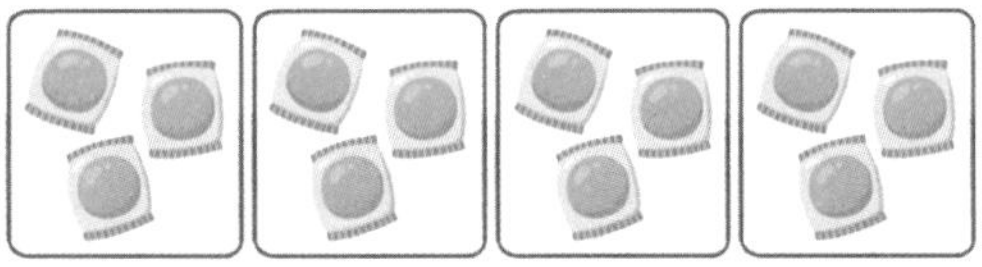

9는 12의 $\frac{3}{4}$이야.　　3은 12의 $\frac{2}{4}$야.

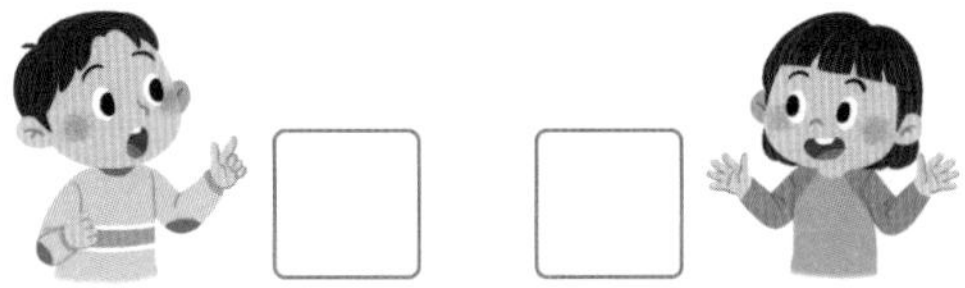

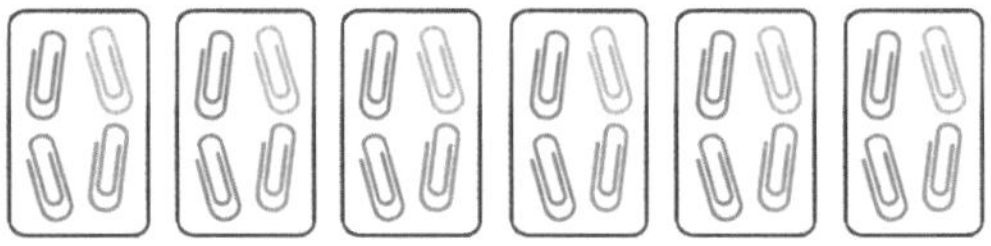

4는 24의 $\frac{1}{6}$이야.　　20은 24의 $\frac{4}{6}$야.

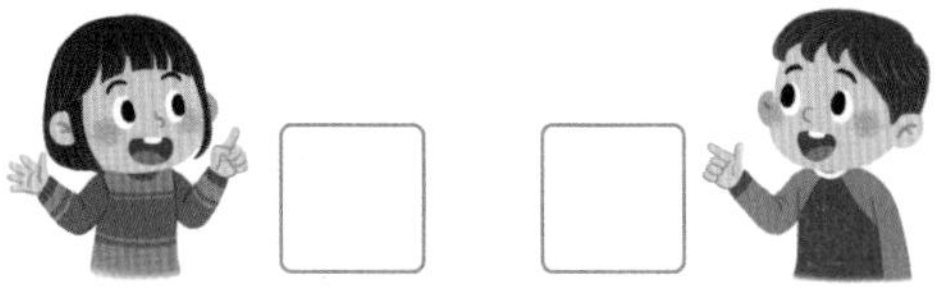

정답 97쪽

교과서 개념을 배워요

05 전체에 대한 분수만큼은 얼마인지 알기(1)

학습목표 ● 구체물에서 전체에 대한 분수만큼이 얼마인지 알 수 있어요.

자연수에서 전체에 대한 분수만큼이 얼마인지 구할 수 있어요.

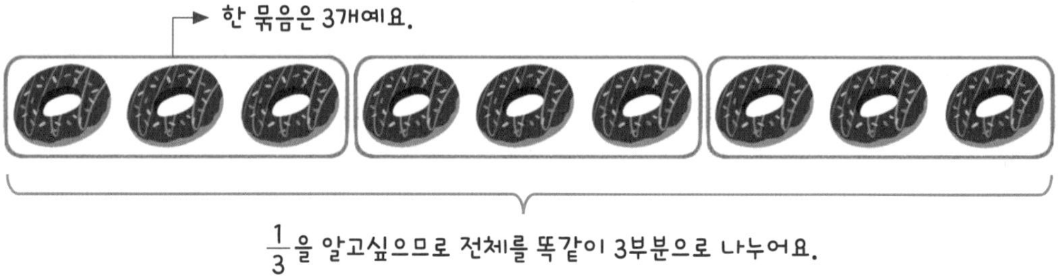

도넛 9개를 똑같이 3묶음으로 나누면 한 묶음은 3개입니다.

- 9의 $\frac{1}{3}$은 9를 3묶음으로 나눈 것 중의 1묶음이므로 3입니다.
- 9의 $\frac{2}{3}$는 9를 3묶음으로 나눈 것 중의 2묶음이므로 6입니다.

$\frac{2}{3}$는 $\frac{1}{3}$의 2배이므로 $3 \times 2 = 6$

개념문제 전체의 $\frac{1}{2}$만큼 색칠하고 10의 $\frac{1}{2}$은 얼마인지 알아보세요.

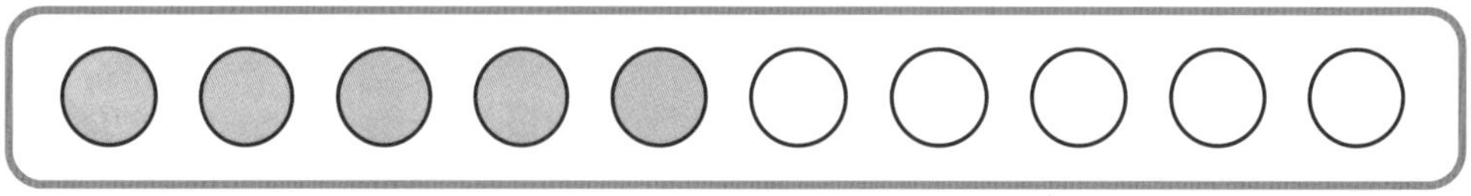

10의 $\frac{1}{2}$은 [5] 입니다.

문제로 개념을 확인해요

쓰기

그림을 똑같이 나누어 보고 □ 안에 알맞은 수를 써넣으세요.

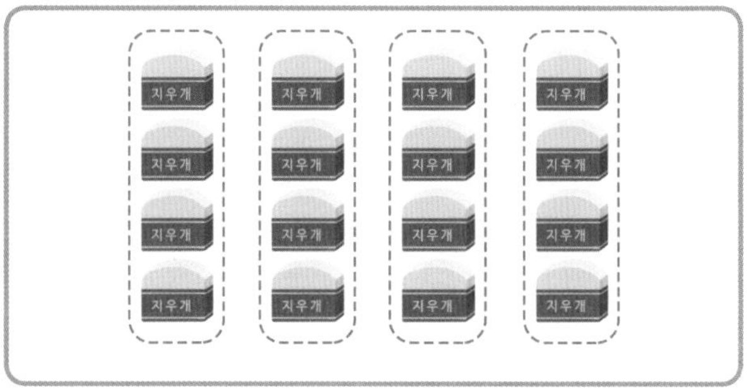

16의 $\frac{1}{4}$은 □

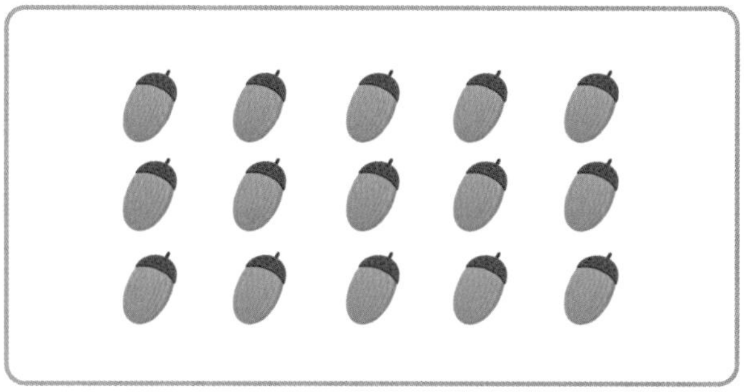

15의 $\frac{3}{5}$은 □

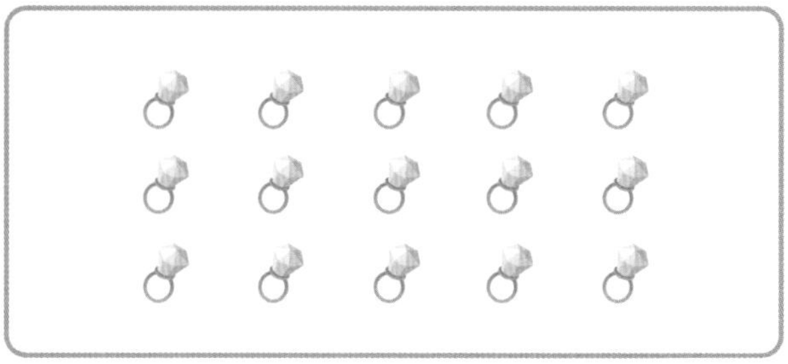

15의 $\frac{2}{3}$는 □

18의 $\frac{5}{6}$는 □

28의 $\frac{3}{7}$은 □

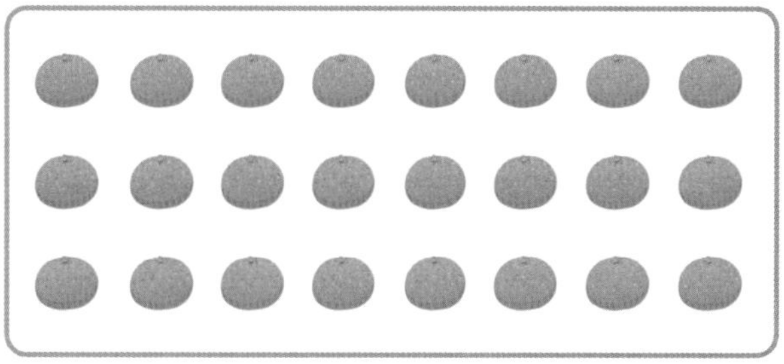

24의 $\frac{7}{8}$은 □

정답 97쪽

문제로 개념을 확인해요

쓰기

□ 안에 알맞은 수를 써넣으세요.

10의 $\frac{3}{5}$은 □ 16의 $\frac{2}{8}$는 □

12의 $\frac{2}{3}$는 □ 15의 $\frac{3}{5}$은 □

20의 $\frac{1}{4}$은 □ 21의 $\frac{1}{3}$은 □

24의 $\frac{3}{4}$은 □ 25의 $\frac{4}{5}$는 □

28의 $\frac{6}{7}$은 □ 30의 $\frac{1}{6}$은 □

32의 $\frac{2}{8}$는 □ 35의 $\frac{2}{5}$는 □

36의 $\frac{4}{6}$는 □ 40의 $\frac{5}{8}$는 □

 정답 97쪽

문제로 개념을 확인해요

선 잇기

같은 수끼리 선으로 이어 보세요.

15의 $\frac{2}{3}$ •	• 25의 $\frac{2}{5}$
20의 $\frac{1}{4}$ •	• 28의 $\frac{2}{4}$
16의 $\frac{7}{8}$ •	• 30의 $\frac{1}{6}$
12의 $\frac{3}{4}$ •	• 10의 $\frac{3}{5}$
24의 $\frac{2}{8}$ •	• 30의 $\frac{3}{6}$
25의 $\frac{3}{5}$ •	• 21의 $\frac{3}{7}$

정답 97쪽

06 전체에 대한 분수만큼은 얼마인지 알기(2)

학습목표 ● 길이에서 전체에 대한 분수만큼이 얼마인지 알 수 있어요.

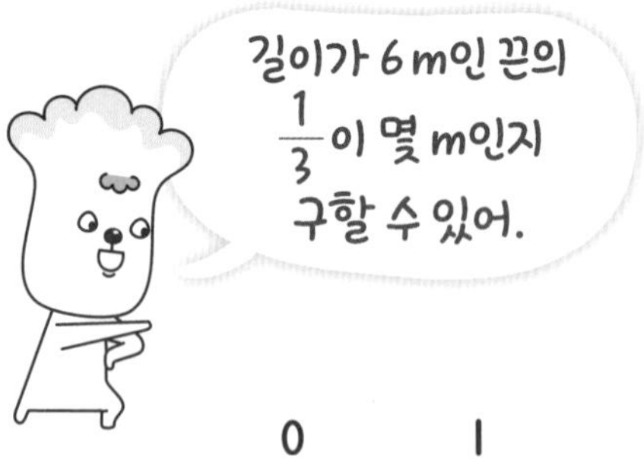

길이(m, cm)에서 전체에 대한 분수만큼이 얼마인지 구할 수 있어요.

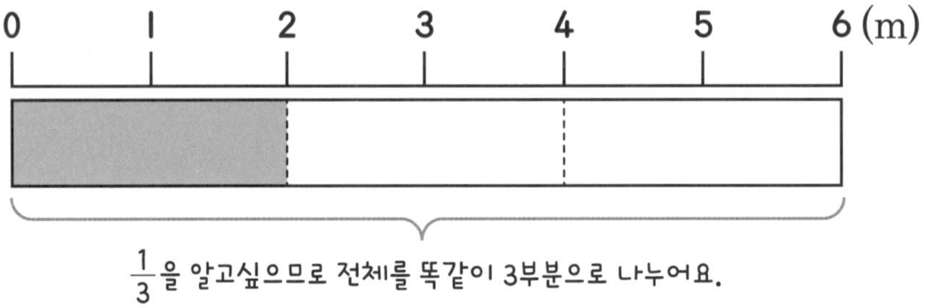

- 6 m를 2 m씩 나누면 3부분이 됩니다.
- 6 m의 $\frac{1}{3}$은 전체를 똑같이 3부분으로 나눈 것 중의 한 부분으로 2 m입니다.

→ 6 m의 $\frac{1}{3}$은 2 m입니다.

개념 문제

9 cm의 $\frac{1}{3}$만큼 색칠하고 9 cm의 $\frac{1}{3}$은 얼마인지 알아보세요.

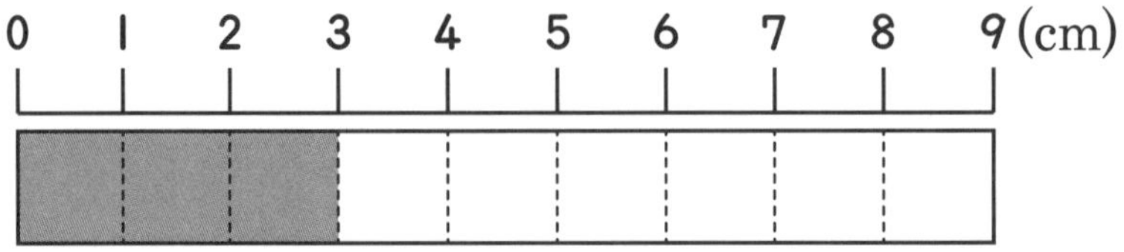

9 cm의 $\frac{1}{3}$은 [3] cm입니다.

문제로 개념을 확인해요

쓰기

분수만큼 색칠하고, □ 안에 알맞은 수를 써넣으세요.

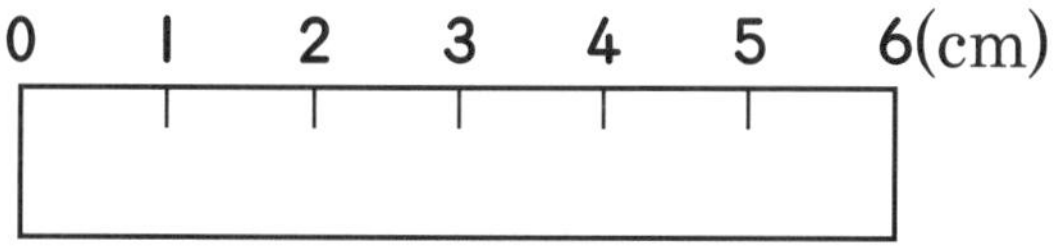

6 cm의 $\frac{1}{3}$은 □ cm

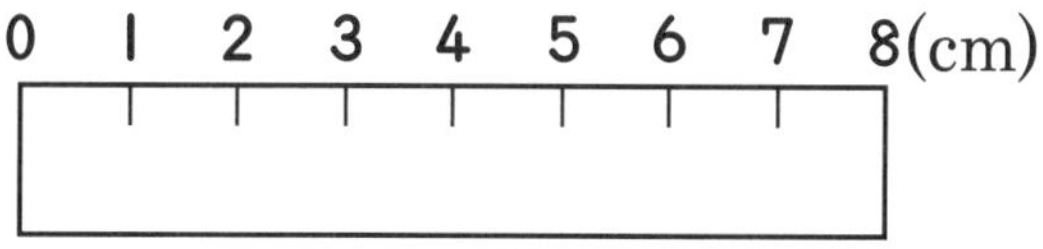

8 cm의 $\frac{1}{4}$은 □ cm

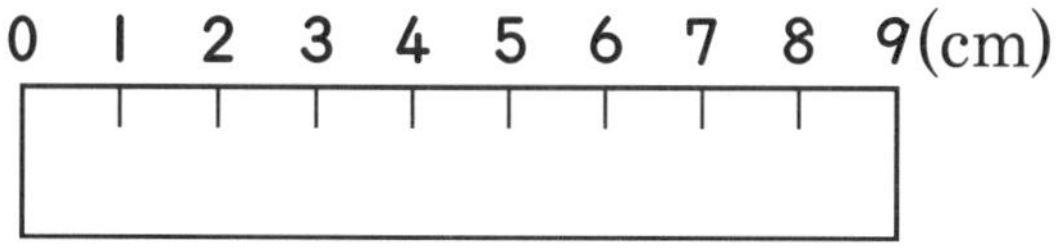

9 cm의 $\frac{2}{3}$는 □ cm

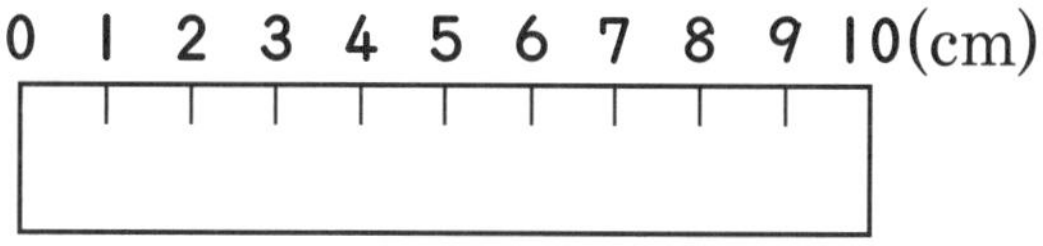

10 cm의 $\frac{3}{5}$은 □ cm

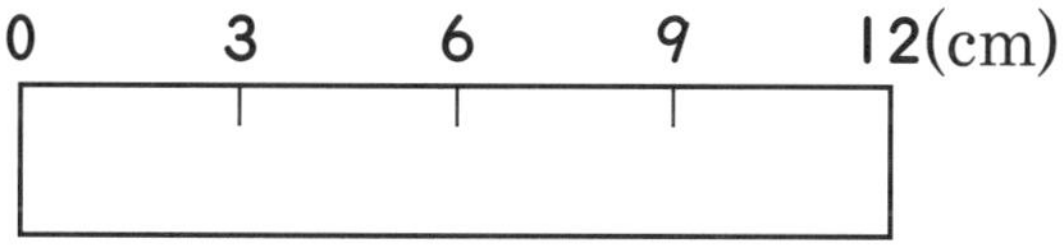

12 cm의 $\frac{3}{4}$은 □ cm

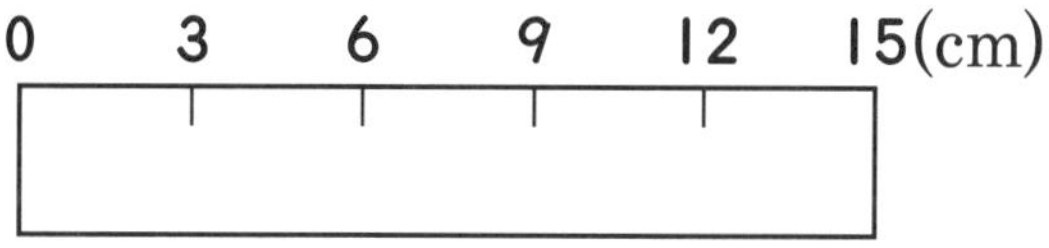

15 cm의 $\frac{2}{5}$는 □ cm

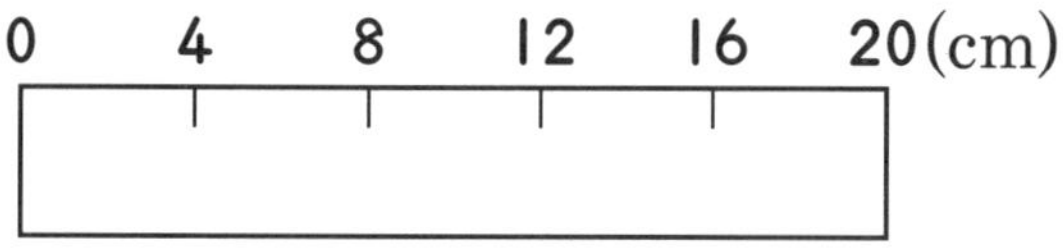

20 cm의 $\frac{3}{5}$은 □ cm

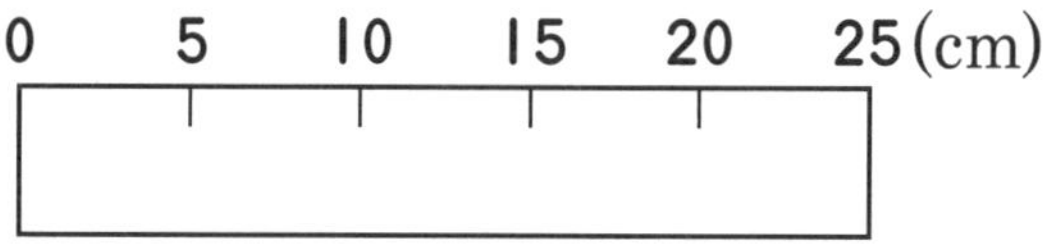

25 cm의 $\frac{4}{5}$는 □ cm

정답 97쪽

문제로 개념을 확인해요

쓰기

□ 안에 알맞은 수를 써넣으세요.

4 cm의 $\frac{1}{2}$은 □ cm

5 cm의 $\frac{1}{5}$은 □ cm

6 cm의 $\frac{1}{3}$은 □ cm

8 cm의 $\frac{1}{4}$은 □ cm

10 cm의 $\frac{2}{5}$는 □ cm

12 cm의 $\frac{2}{6}$는 □ cm

15 cm의 $\frac{3}{5}$은 □ cm

14 cm의 $\frac{3}{7}$은 □ cm

16 cm의 $\frac{5}{8}$는 □ cm

20 cm의 $\frac{4}{5}$는 □ cm

21 cm의 $\frac{5}{7}$는 □ cm

24 cm의 $\frac{7}{8}$은 □ cm

30 cm의 $\frac{5}{6}$는 □ cm

32 cm의 $\frac{3}{4}$은 □ cm

정답 97쪽

문제로 개념을 확인해요

선 잇기

같은 수끼리 선으로 이어 보세요.

15 cm의 $\frac{2}{5}$	24 cm의 $\frac{2}{6}$
10 cm의 $\frac{4}{5}$	12 cm의 $\frac{2}{4}$
16 cm의 $\frac{3}{4}$	25 cm의 $\frac{1}{5}$
20 cm의 $\frac{1}{4}$	30 cm의 $\frac{4}{6}$
32 cm의 $\frac{5}{8}$	28 cm의 $\frac{3}{7}$

정답 97쪽

교과서 개념을 배워요

07 진분수, 가분수, 대분수

학습목표 • 진분수, 가분수, 대분수를 알 수 있어요.

분자와 분모의 크기를 보고 진분수, 가분수로 구분하고, 자연수와 진분수로 이루어진 대분수를 알 수 있어요.

진분수 $\frac{1}{4}$, $\frac{2}{4}$, $\frac{3}{4}$과 같이 분자가 분모보다 작은 분수

가분수 $\frac{4}{4}$, $\frac{5}{4}$, $\frac{6}{4}$과 같이 분자가 분모와 같거나 분모보다 큰 분수

자연수 1, 2, 3과 같은 수

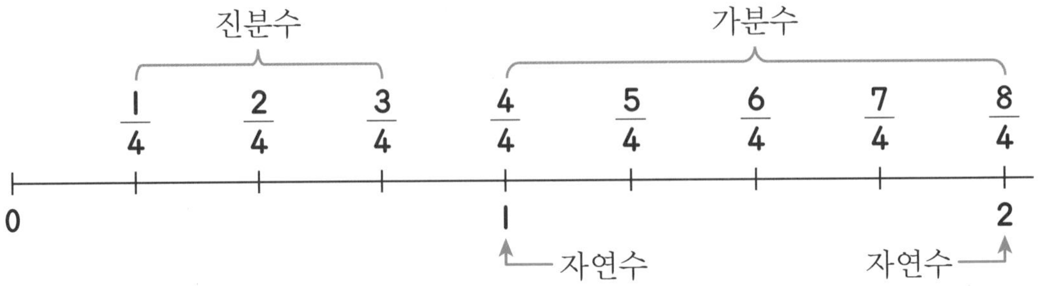

자연수 1과 진분수 $\frac{1}{4}$ **쓰기** $1\frac{1}{4}$ **읽기** 1과 4분의 1

대분수 $1\frac{1}{4}$과 같이 자연수와 진분수로 이루어진 분수

개념문제

□ 안에 진분수에는 '진', 가분수에는 '가'를 쓰세요.

$\frac{7}{10}$ [진] $\frac{8}{8}$ [가] $\frac{5}{4}$ [가] $\frac{7}{13}$ [진]

문 제 로 개 념 을 확 인 해 요

색칠하기

알맞은 분수의 이름에 색칠하세요.

$\frac{2}{3}$

진분수	가분수	대분수

$\frac{15}{10}$

진분수	가분수	대분수

$1\frac{7}{8}$

진분수	가분수	대분수

$\frac{5}{4}$

진분수	가분수	대분수

$\frac{3}{7}$

진분수	가분수	대분수

$\frac{8}{6}$

진분수	가분수	대분수

$\frac{8}{6}$

진분수	가분수	대분수

$2\frac{3}{4}$

진분수	가분수	대분수

정답 98쪽

문제로 개념을 확인해요

표시하기

알맞은 분수를 모두 찾아 ○표 하세요.

진분수

$\frac{1}{3}$ $\frac{2}{3}$ $\frac{3}{3}$ $\frac{4}{3}$ $\frac{5}{3}$

진분수

$\frac{2}{7}$ $1\frac{2}{3}$ $\frac{5}{4}$ $2\frac{2}{5}$ $\frac{5}{9}$

가분수

$\frac{1}{4}$ $\frac{2}{4}$ $\frac{3}{4}$ $\frac{4}{4}$ $\frac{5}{4}$

가분수

$\frac{5}{6}$ $1\frac{5}{7}$ $\frac{12}{5}$ $\frac{9}{4}$ $3\frac{2}{7}$

대분수

$\frac{5}{5}$ $1\frac{1}{4}$ $\frac{8}{12}$ $\frac{13}{7}$ $1\frac{7}{10}$

대분수

$2\frac{2}{3}$ $\frac{3}{6}$ $\frac{8}{5}$ $1\frac{8}{9}$ $\frac{13}{7}$

자연수

$\frac{4}{4}$ 2 $\frac{4}{5}$ $2\frac{7}{11}$ $\frac{13}{5}$

대분수

$1\frac{5}{9}$ $\frac{2}{6}$ $\frac{7}{9}$ $2\frac{3}{8}$ $\frac{9}{4}$

문제로 개념을 확인해요

표시하기

이름에 맞는 분수가 되도록 분자가 될 수 있는 수를 모두 찾아 ○표 하세요.

분자가 분모보다 작아.

진분수 $\frac{\square}{5}$: 2 4 5 8 9

분자가 분모와 같거나 분모보다 커.

가분수 $\frac{\square}{8}$: 5 7 8 10 13

자연수와 진분수로 되어 있어.

대분수 $1\frac{\square}{12}$: 1 5 12 14 17

진분수 $\frac{\square}{10}$: 3 8 10 13 16

가분수 $\frac{\square}{6}$: 4 6 8 10 13

대분수 $2\frac{\square}{7}$: 1 3 7 10 12

진분수 $\frac{\square}{9}$: 1 4 9 12 15

정답 98쪽

교과서 개념을 배워요

08 대분수를 가분수로, 가분수를 대분수로 나타내기

학습목표 ● 대분수를 가분수로, 가분수를 대분수로 나타낼 수 있어요.

**대분수를 가분수로 나타내고,
가분수를 자연수와 진분수 부분으로 고쳐
대분수로 나타낼 수 있어요.**

$1=\frac{4}{4}$, $2=\frac{8}{4}$, $3=\frac{12}{4}$, $4=\frac{16}{4}$……

→ 자연수는 여러 가지 분모의 가분수로 나타낼 수 있습니다.

$2\frac{1}{4}$을 가분수로 나타내는 방법

자연수 2를 분모가 4인 가분수로 나타내면 $\frac{8}{4}$입니다.

가분수 $\frac{8}{4}$과 진분수 $\frac{1}{4}$에서 $\frac{1}{4}$이 모두 9개입니다.

$2\frac{1}{4}=\frac{9}{4}$

$\frac{7}{3}$을 대분수로 나타내는 방법

$\frac{7}{3}$에서 자연수로 나타낼 수 있는 가분수 $\frac{6}{3}$은 자연수 2로 나타냅니다.

$\frac{7}{3}$에서 자연수로 나타내고 남은 $\frac{1}{3}$은 진분수로 나타냅니다.

$\frac{7}{3}=2\frac{1}{3}$

문제로 개념을 확인해요

쓰기

대분수를 가분수로 나타내어 보세요.

$1\frac{1}{3}$ → (   )

$1\frac{3}{4}$ → (   )

$1\frac{1}{5}$ → (   )

$2\frac{2}{3}$ → (   )

$1\frac{1}{9}$ → (   )

$1\frac{2}{6}$ → (   )

$2\frac{1}{4}$ → (   )

$1\frac{2}{7}$ → (   )

$1\frac{2}{10}$ → (   )

$1\frac{5}{8}$ → (   )

$3\frac{3}{4}$ → (   )

$4\frac{1}{3}$ → (   )

정답 98쪽

문제로 개념을 확인해요

쓰기

가분수를 대분수로 나타내어 보세요.

$\frac{5}{3}$ → (   )

$\frac{7}{4}$ → (   )

$\frac{13}{5}$ → (   )

$\frac{20}{9}$ → (   )

$\frac{11}{6}$ → (   )

$\frac{15}{7}$ → (   )

$\frac{26}{3}$ → (   )

$\frac{30}{4}$ → (   )

$\frac{36}{5}$ → (   )

$\frac{22}{10}$ → (   )

$\frac{8}{7}$ → (   )

$\frac{15}{11}$ → (   )

정답 98쪽

문제로 개념을 확인해요

선 잇기

같은 분수끼리 선으로 이으세요.

$1\frac{3}{5}$ •	• 2
$\frac{10}{5}$ •	• $\frac{8}{5}$
$1\frac{4}{5}$ •	• 4
$\frac{20}{5}$ •	• $\frac{6}{5}$
$1\frac{1}{5}$ •	• $\frac{9}{5}$

교과서 개념을 배워요

09 분모가 같은 진분수의 크기 비교

학습목표 ● 분모가 같은 진분수의 크기를 비교할 수 있어요.

분모가 같은 분수는 분자가 클수록 큰 분수예요.

전체를 똑같이 5로 나누고 분수만큼 색칠해 보면 $\frac{3}{5}$이 $\frac{2}{5}$보다 더 큽니다.

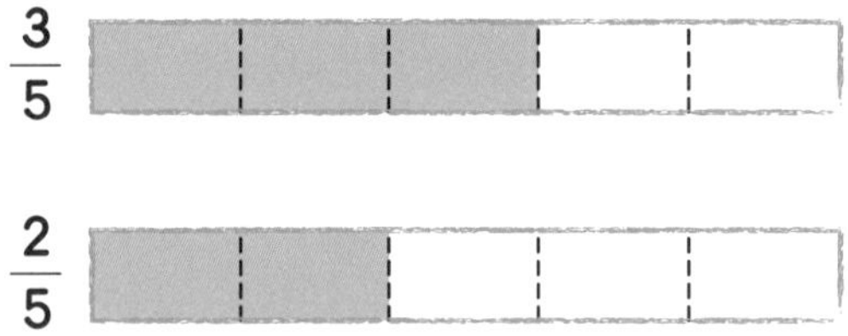

$\frac{3}{5}$은 $\frac{1}{5}$이 3개이고, $\frac{2}{5}$는 $\frac{1}{5}$이 2개이므로 $\frac{3}{5}$이 $\frac{2}{5}$보다 더 큽니다.

$$\frac{3}{5} > \frac{2}{5}$$

개념 문제 분수만큼 색칠하고 어느 분수가 더 큰지 알아보세요.

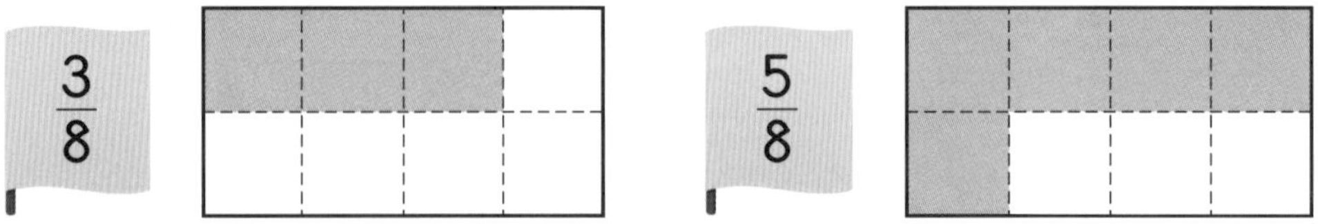

$\frac{3}{8}$과 $\frac{5}{8}$ 중에서 더 큰 분수는 $\frac{5}{8}$입니다.

색칠하기

분수만큼 색칠하고, ○ 안에 >, =, <를 알맞게 써넣으세요.

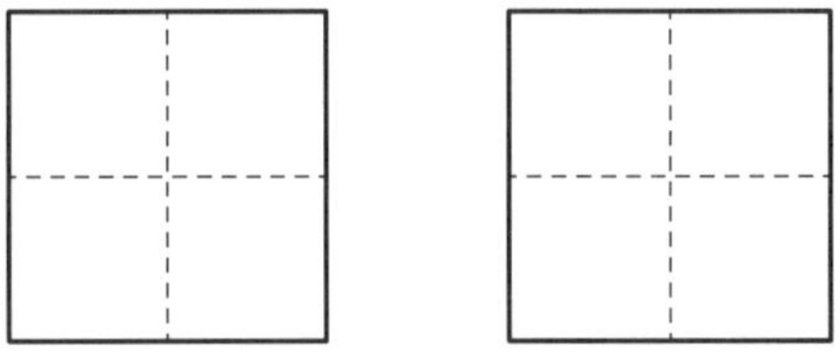

$\frac{2}{4}$ ○ $\frac{3}{4}$

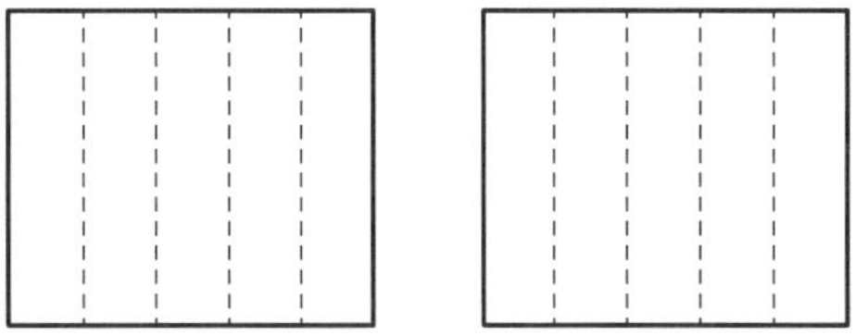

$\frac{3}{5}$ ○ $\frac{1}{5}$

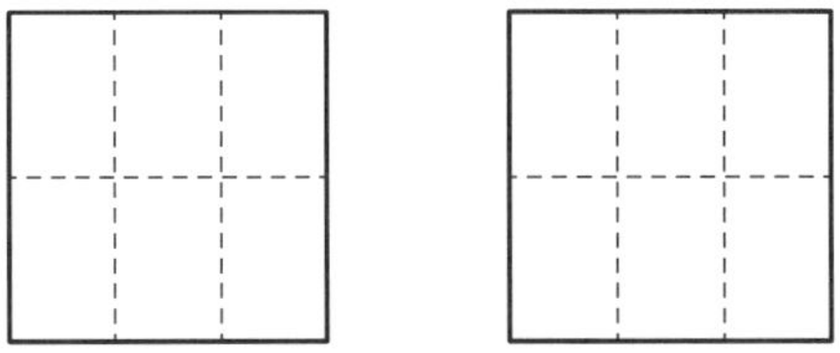

$\frac{4}{6}$ ○ $\frac{5}{6}$

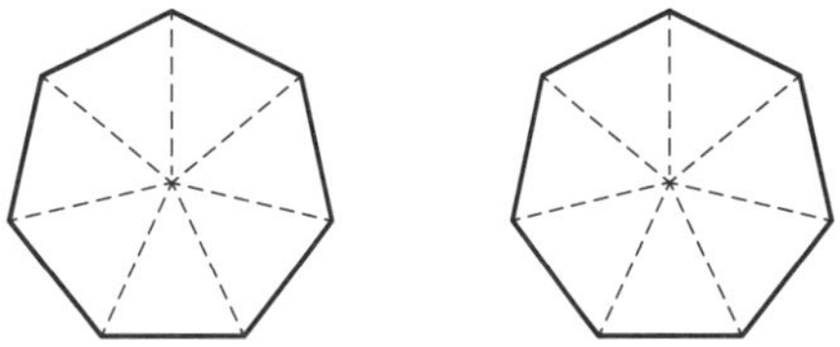

$\frac{6}{7}$ ○ $\frac{3}{7}$

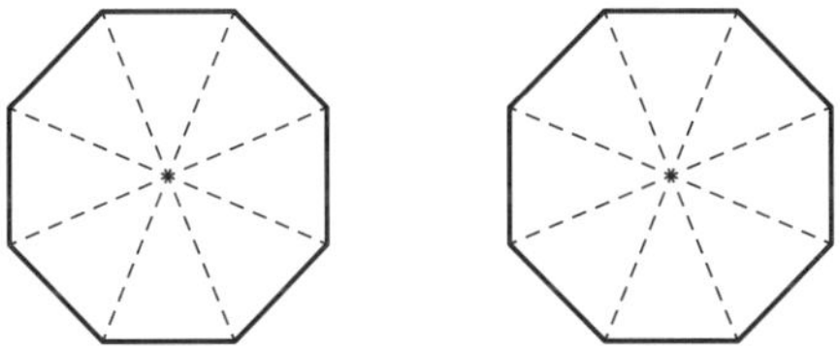

$\frac{5}{8}$ ○ $\frac{2}{8}$

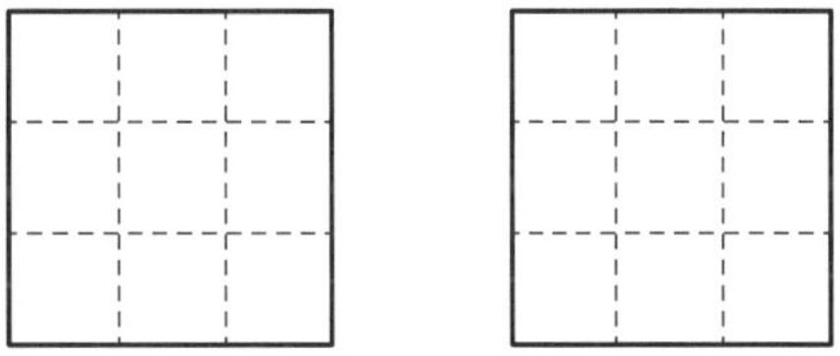

$\frac{7}{9}$ ○ $\frac{6}{9}$

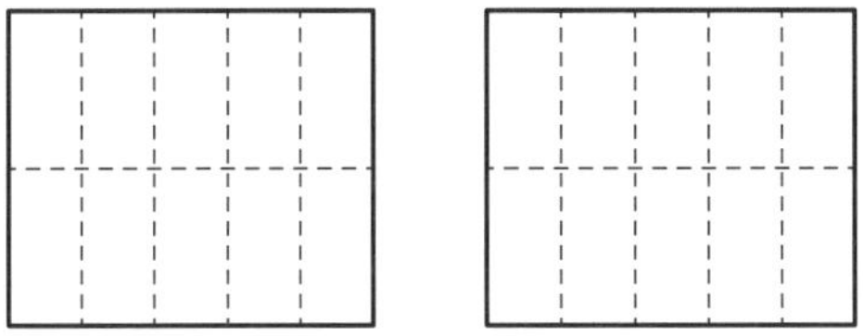

$\frac{4}{10}$ ○ $\frac{8}{10}$

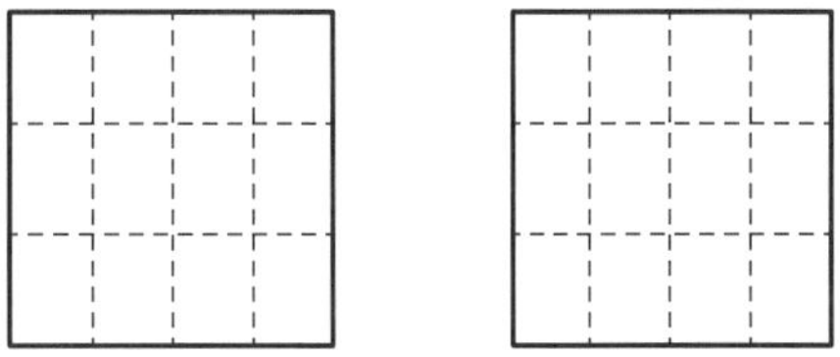

$\frac{5}{12}$ ○ $\frac{9}{12}$

정답 98쪽

문제로 개념을 확인해요

쓰기

두 분수의 크기를 비교하여 ○ 안에 >, =, <를 알맞게 써넣으세요.

$\frac{4}{15}$ ○ $\frac{11}{15}$

$\frac{10}{12}$ ○ $\frac{8}{12}$

$\frac{9}{14}$ ○ $\frac{5}{14}$

$\frac{8}{10}$ ○ $\frac{6}{10}$

$\frac{4}{8}$ ○ $\frac{5}{8}$

$\frac{3}{4}$ ○ $\frac{1}{4}$

$\frac{7}{20}$ ○ $\frac{9}{20}$

$\frac{19}{23}$ ○ $\frac{13}{23}$

$\frac{12}{17}$ ○ $\frac{15}{17}$

$\frac{8}{11}$ ○ $\frac{7}{11}$

$\frac{7}{9}$ ○ $\frac{4}{9}$

$\frac{4}{5}$ ○ $\frac{3}{5}$

$\frac{2}{3}$ ○ $\frac{1}{3}$

$\frac{10}{12}$ ○ $\frac{6}{12}$

정답 98쪽

문제로 개념을 확인해요

표시하기

□ 안에 들어갈 수 있는 수를 모두 찾아 ○표 하세요.

$\frac{\square}{12} < \frac{8}{12}$ → 3 7 8 10 12

$\frac{\square}{5} < \frac{4}{5}$ → 1 2 4 7 10

$\frac{\square}{11} < \frac{8}{11}$ → 3 5 8 9 10

$\frac{\square}{9} < \frac{2}{9}$ → 1 3 5 7 8

$\frac{4}{13} < \frac{\square}{13}$ → 1 3 4 5 12

$\frac{14}{16} < \frac{\square}{16}$ → 11 12 13 14 15

$\frac{\square}{14} < \frac{11}{14}$ → 9 10 11 12 13

정답 98쪽

교 과 서 개 념 을 배 워 요

10 단위분수의 크기 비교

학습목표 ● 단위분수를 알고 단위분수의 크기를 비교할 수 있어요.

$\frac{1}{2}$, $\frac{1}{3}$, $\frac{1}{4}$……과 같이
분자가 1인 분수를 단위분수라고 해요.

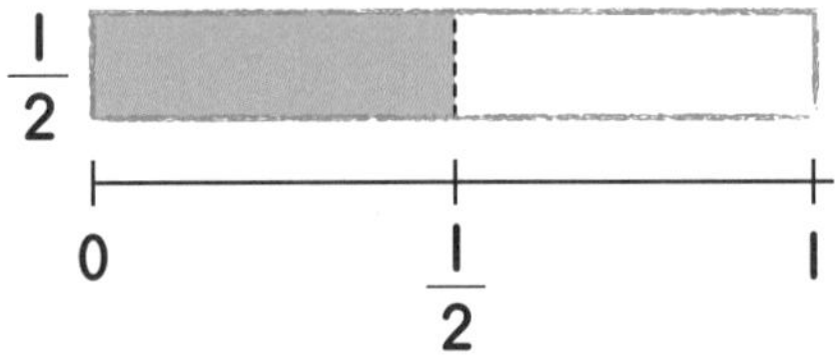

색칠하거나, 수직선에 나타내서 비교해 보면 $\frac{1}{2}$이 $\frac{1}{3}$보다 더 큽니다.

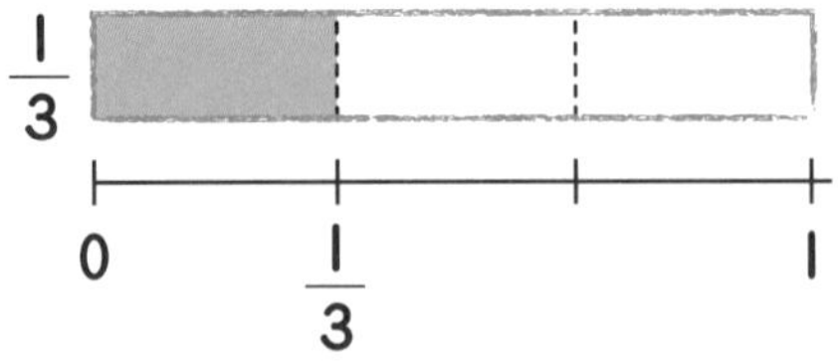

$$\frac{1}{2} > \frac{1}{3}$$

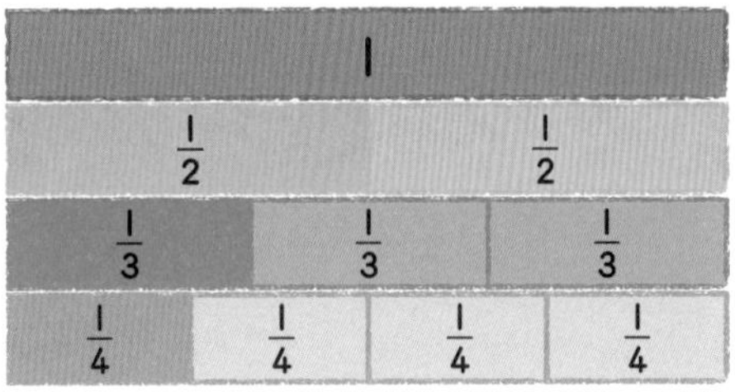

단위분수는 분모가 작을수록 더 큽니다.

$$\frac{1}{2} > \frac{1}{3} > \frac{1}{4}$$

개념 문제 그림을 보고 알맞은 말에 ○표 하세요.

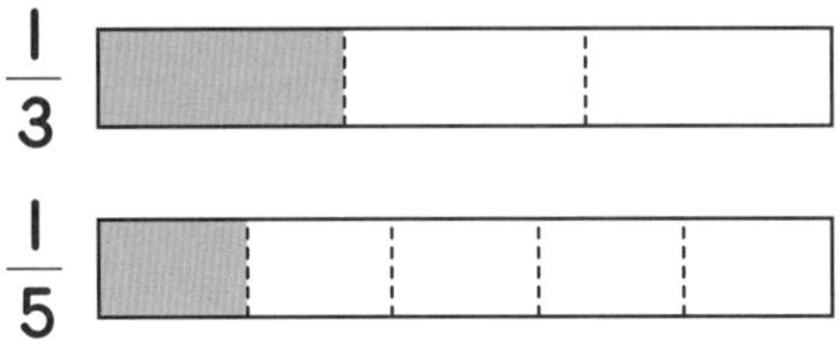

$\frac{1}{3}$이 $\frac{1}{5}$보다 더 (큽니다 , 작습니다).

문제로 개념을 확인해요

색칠하기

분수만큼 색칠하고, ○ 안에 >, =, <를 알맞게 써넣으세요.

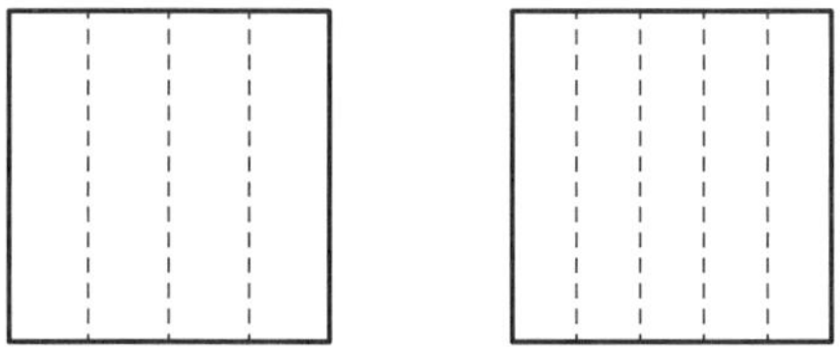

$\frac{1}{4}$ ○ $\frac{1}{5}$

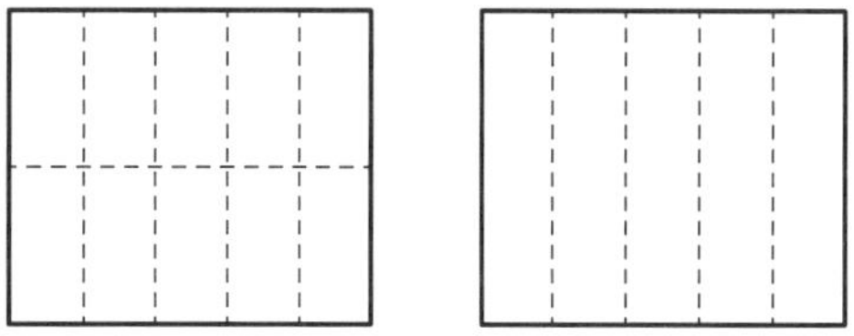

$\frac{1}{10}$ ○ $\frac{1}{5}$

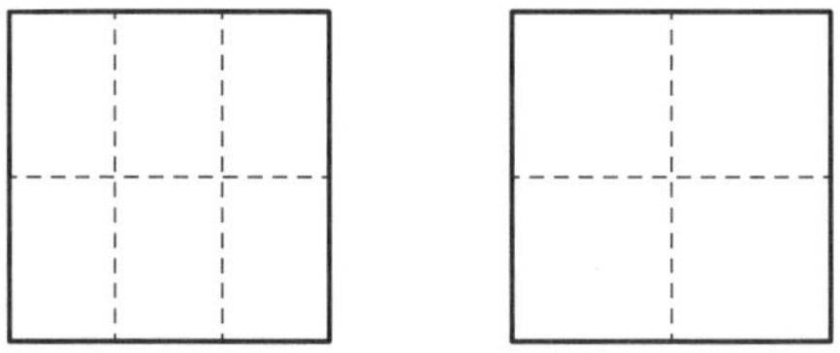

$\frac{1}{6}$ ○ $\frac{1}{4}$

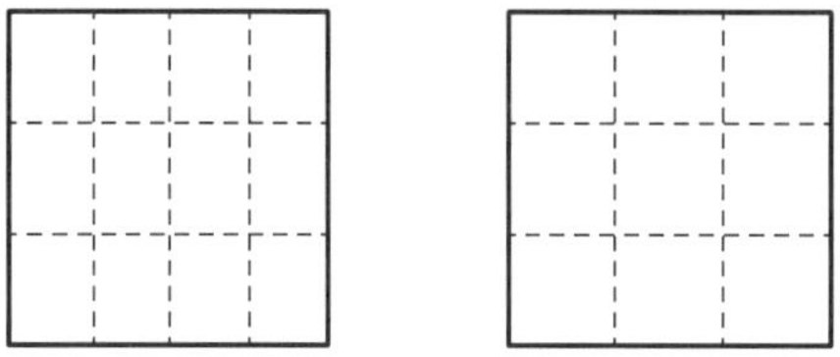

$\frac{1}{12}$ ○ $\frac{1}{9}$

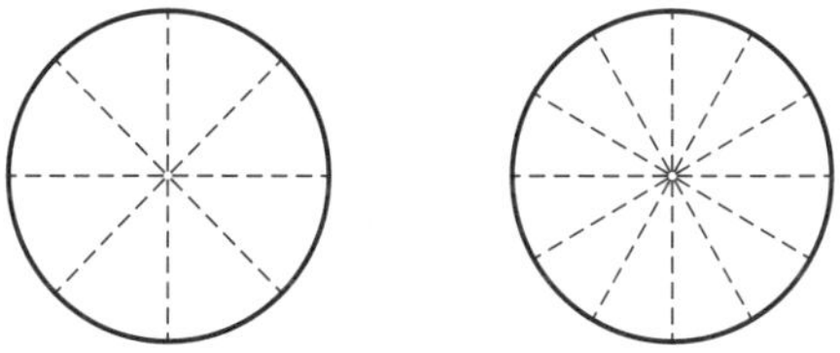

$\frac{1}{8}$ ○ $\frac{1}{12}$

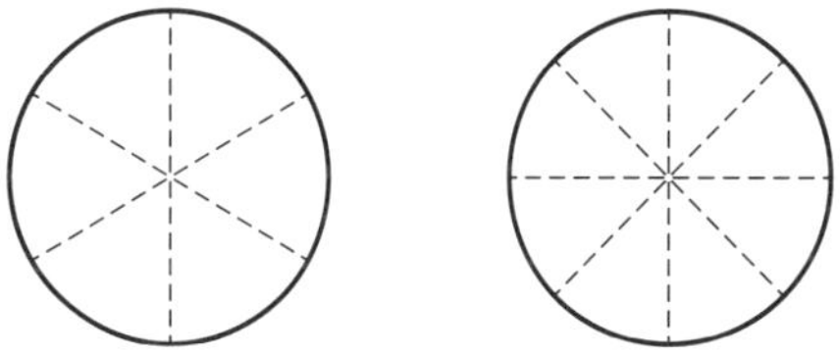

$\frac{1}{6}$ ○ $\frac{1}{8}$

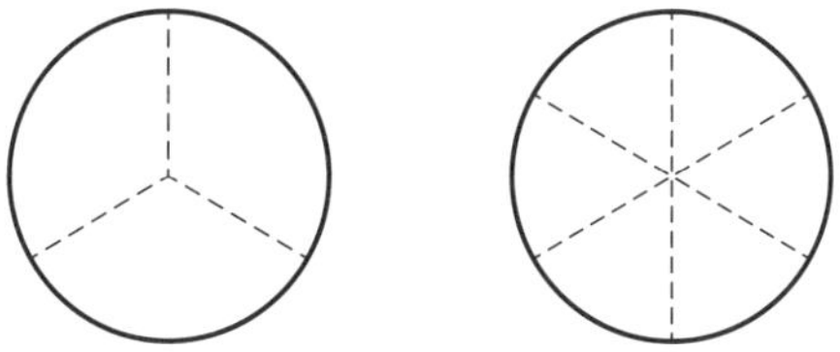

$\frac{1}{3}$ ○ $\frac{1}{6}$

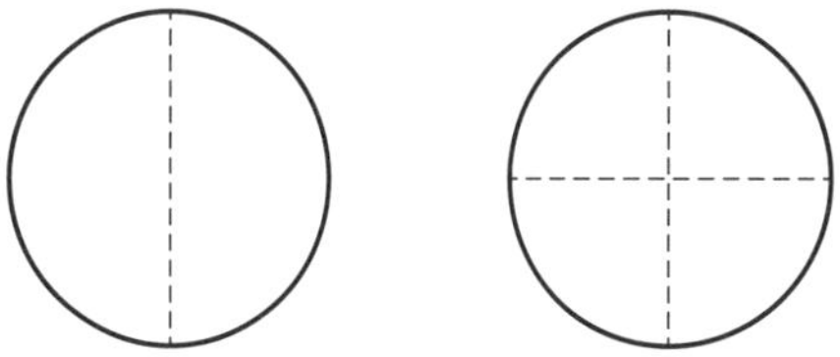

$\frac{1}{2}$ ○ $\frac{1}{4}$

정답 99쪽

문제로 개념을 확인해요

쓰기

두 분수의 크기를 비교하여 ○ 안에 >, =, <를 알맞게 써넣으세요.

$\frac{1}{12}$ ○ $\frac{1}{15}$

$\frac{1}{17}$ ○ $\frac{1}{9}$

$\frac{1}{23}$ ○ $\frac{1}{3}$

$\frac{1}{16}$ ○ $\frac{1}{11}$

$\frac{1}{14}$ ○ $\frac{1}{5}$

$\frac{1}{22}$ ○ $\frac{1}{17}$

$\frac{1}{10}$ ○ $\frac{1}{3}$

$\frac{1}{9}$ ○ $\frac{1}{18}$

$\frac{1}{4}$ ○ $\frac{1}{12}$

$\frac{1}{8}$ ○ $\frac{1}{20}$

$\frac{1}{20}$ ○ $\frac{1}{6}$

$\frac{1}{14}$ ○ $\frac{1}{7}$

$\frac{1}{5}$ ○ $\frac{1}{13}$

$\frac{1}{4}$ ○ $\frac{1}{15}$

 정답 99쪽

문제로 개념을 확인해요

표시하기

가장 큰 분수에 ○표, 가장 작은 분수에 △표 하세요.

$\frac{1}{2}$ $\frac{1}{5}$ $\frac{1}{4}$ $\frac{1}{10}$

$\frac{1}{15}$ $\frac{1}{7}$ $\frac{1}{20}$ $\frac{1}{9}$

$\frac{1}{12}$ $\frac{1}{3}$ $\frac{1}{11}$ $\frac{1}{24}$

$\frac{1}{3}$ $\frac{1}{20}$ $\frac{1}{14}$ $\frac{1}{8}$

$\frac{1}{10}$ $\frac{1}{9}$ $\frac{1}{8}$ $\frac{1}{7}$

정답 99쪽

교과서 개념을 배워요

11 분모가 같은 대분수의 크기 비교

학습목표
- 분모가 같은 가분수의 크기를 비교할 수 있어요.
- 분모가 같은 대분수의 크기를 비교할 수 있어요.

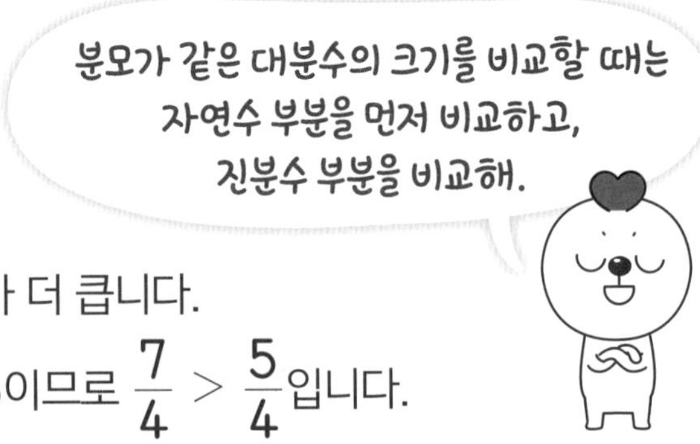

분모가 같은 가분수끼리의 크기 비교

분모가 같은 가분수는 분자의 크기가 큰 가분수가 더 큽니다.

예 $\frac{7}{4}$과 $\frac{5}{4}$ → 분자의 크기를 비교하면 $7 > 5$이므로 $\frac{7}{4} > \frac{5}{4}$입니다.

분모가 같은 대분수끼리의 크기 비교

자연수의 크기가 큰 대분수가 더 크고,
자연수의 크기가 같으면 분자의 크기가 큰 대분수가 더 큽니다.

예 $2\frac{2}{3}$와 $3\frac{2}{3}$ → 자연수의 크기를 비교하면 $2 < 3$이므로 $2\frac{2}{3} < 3\frac{2}{3}$입니다.

$1\frac{2}{5}$와 $1\frac{3}{5}$ → 분자의 크기를 비교하면 $2 < 3$이므로 $1\frac{2}{5} < 1\frac{3}{5}$입니다.

분모가 같은 가분수끼리의 크기 비교

예 $2\frac{1}{2}$과 $\frac{3}{2}$

방법 1 대분수를 가분수로 고쳐 비교하기

$2\frac{1}{2} = \frac{5}{2}$이고 $\frac{5}{2} > \frac{3}{2}$ 이므로

$2\frac{1}{2} > \frac{3}{2}$입니다.

방법 2 가분수를 대분수로 고쳐 비교하기

$\frac{3}{2} = 1\frac{1}{2}$이고 $2\frac{1}{2} > 1\frac{1}{2}$ 이므로

$2\frac{1}{2} > \frac{3}{2}$입니다.

문제로 개념을 확인해요

색칠하기

분수만큼 색칠하고 ○ 안에 >, =, <를 알맞게 써넣으세요.

$\frac{6}{5}$ ○ $\frac{9}{5}$

$\frac{10}{6}$ ○ $\frac{8}{6}$

$1\frac{3}{4}$ ○ $1\frac{1}{4}$

$1\frac{2}{7}$ ○ $1\frac{6}{7}$

$\frac{10}{8}$ ○ $1\frac{2}{8}$

문제로 개념을 확인해요

쓰기

두 분수의 크기를 비교하여 ○ 안에 >, =, <를 알맞게 써넣으세요.

$1\frac{2}{4}$ ○ $\frac{11}{4}$	$\frac{21}{5}$ ○ $3\frac{2}{5}$
$\frac{10}{6}$ ○ $1\frac{2}{6}$	$2\frac{3}{7}$ ○ $\frac{23}{7}$
$2\frac{3}{9}$ ○ $\frac{30}{9}$	$\frac{28}{11}$ ○ $2\frac{7}{11}$
$\frac{35}{13}$ ○ $2\frac{6}{13}$	$2\frac{3}{10}$ ○ $\frac{23}{10}$
$2\frac{5}{12}$ ○ $\frac{34}{12}$	$\frac{40}{13}$ ○ $3\frac{3}{13}$
$\frac{20}{3}$ ○ $7\frac{1}{3}$	$4\frac{2}{8}$ ○ $\frac{30}{8}$
$2\frac{5}{20}$ ○ $\frac{46}{20}$	$\frac{42}{15}$ ○ $3\frac{2}{15}$

정답 99쪽

문제로 개념을 확인해요

표시하기

가장 큰 분수에 ○표, 가장 작은 분수에 △표 하세요.

$\frac{7}{5}$ $1\frac{1}{5}$ $\frac{16}{5}$ $3\frac{2}{5}$

$2\frac{4}{12}$ $\frac{30}{12}$ $\frac{19}{12}$ $1\frac{8}{12}$

$\frac{29}{10}$ $1\frac{7}{10}$ $2\frac{3}{10}$ $\frac{32}{10}$

$3\frac{2}{7}$ $\frac{37}{7}$ $2\frac{6}{7}$ $\frac{29}{7}$

$\frac{40}{15}$ $1\frac{8}{15}$ $\frac{32}{15}$ $2\frac{1}{15}$

정답 99쪽

12 그림과 글로 배워요

1 지호가 여행 가방의 비밀번호를 잊어버렸습니다.
지호가 가방을 열 수 있게 비밀번호를 찾아보세요.

30을 5씩 묶으면 10은 30의 $\frac{(1)}{6}$입니다.

30을 6씩 묶으면 24는 30의 $\frac{(2)}{5}$입니다.

30을 3씩 묶으면 15는 30의 $\frac{(3)}{10}$입니다.

30을 5씩 묶어 봐요.
모두 6묶음이 되고, 한 묶음의 수는 5예요.
10은 2묶음이에요.

→ 10은 30의 $\frac{\square}{6}$예요.

30을 6씩 묶어 봐요.
모두 5묶음이 되고, 한 묶음의 수는 6이에요.
24는 4묶음이에요.

→ 24는 30의 $\frac{\square}{5}$예요.

30을 3씩 묶어 봐요. 모두 10묶음이 되고,
한 묶음의 수는 3이에요. 15는 5묶음이에요

→ 15는 30의 $\frac{\square}{10}$예요.

가방의 비밀번호는 ______________ 입니다.

2 조건에 맞는 분수를 모두 써 보세요.

단위분수는 분자가 ☐ 인 분수예요.

단위분수는 분모가 클수록 더 작은 수예요.
$\frac{1}{2}$보다 작으려면 분모는 2보다
(커야 해요 , 작아야 해요).

단위분수는 분모가 작을수록 더 큰 수예요.
$\frac{1}{6}$보다 크려면 분모는 6보다
(커야 해요 , 작아야 해요).

조건에 맞는 분수는 ______________ 입니다.

정답 99쪽

3

지우가 건전지 10개의 $\frac{2}{5}$를 카메라에 사용했습니다. 지우가 카메라에 사용한 건전지는 몇 개인지 구해 보세요.

조건 ① 건전지의 수: □ ② 사용한 건전지: 건전지의 $\frac{2}{5}$

풀이 건전지의 수: □, 똑같이 5로 나누었을 때 한 묶음의 수: □

사용한 건전지의 수: 건전지의 수를 똑같이 5로 나눈 것의 2만큼 → □

답 **지우가 카메라에 사용한 건전지는 ______ 개입니다.**

4

수 카드 3장 중에서 2장을 골라 가장 큰 가분수를 만들고 대분수로 나타내어 보세요.

3 5 7

조건 수 카드 2장으로 만들 수 있는 가분수: $\frac{□}{□}$, $\frac{□}{□}$, $\frac{□}{□}$

풀이 가분수는 분자가 분모보다 큰 분수이고, 가장 큰 가분수를 만들려면 수 카드 중에서 가장 작은 수를 분모로 가장 큰 수를 분자로 하면 됩니다.

만든 가분수: $\frac{□}{□}$ → 대분수로 나타내기: $□\frac{□}{□}$

답 **가장 큰 가분수는 ______ 이고, 대분수로 나타내면 ______ 입니다.**

5 $\frac{5}{11}$보다 크고 $\frac{10}{11}$보다 작은 분수는 모두 몇 개인지 쓰세요.

$\frac{6}{11}$　$\frac{1}{11}$　$\frac{9}{11}$　$\frac{8}{11}$　$\frac{4}{11}$

조건 분모가 같은 진분수는 분자의 크기가 클수록 (큽니다 , 작습니다).

풀이 모두 분모가 11인 분수이므로 주어진 분수를 분자의 크기가 작은 것부터 쓴 다음 분자의 크기가 5보다 크고 10보다 작은 분수를 찾으면 됩니다.

$$\frac{\square}{11} < \frac{\square}{11} < \frac{\square}{11} < \frac{\square}{11} < \frac{\square}{11}$$

답 $\frac{5}{11}$**보다 크고** $\frac{10}{11}$**보다 작은 분수는 ________ 개입니다.**

6 $1\frac{2}{5}$보다 크고 $\frac{13}{5}$보다 작은 분수를 찾아 쓰세요.

$\frac{6}{5}$　$3\frac{2}{5}$　$2\frac{3}{5}$　$\frac{14}{5}$　$3\frac{1}{5}$　$\frac{12}{5}$

조건 ① $1\frac{2}{5}$를 가분수로 → $\frac{\square}{5}$　② $3\frac{2}{5}$를 가분수로 → $\frac{\square}{5}$

③ $2\frac{3}{5}$을 가분수로 → $\frac{\square}{5}$　④ $3\frac{1}{5}$을 가분수로 → $\frac{\square}{5}$

풀이 수직선에 나타내 비교해 봅니다.

답 $1\frac{2}{5}$**보다 크고** $\frac{13}{5}$**보다 작은 분수는 ________ 입니다.**

13 마무리 평가

똑같이 나누어진 도형에 ○표 하세요.

❶

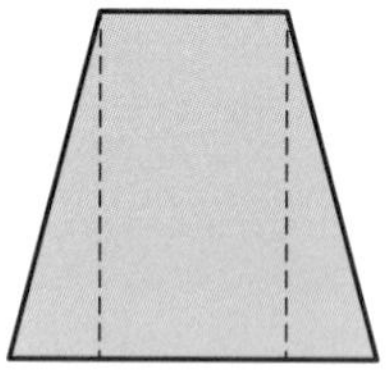
( )

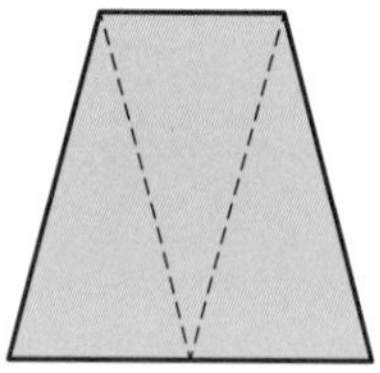
( )

❷

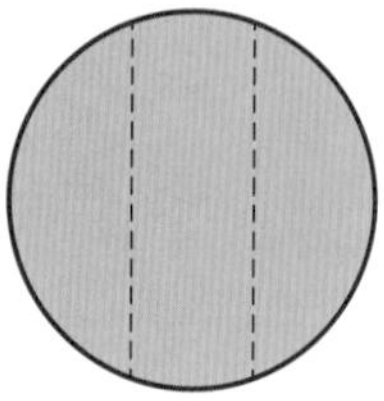
( )

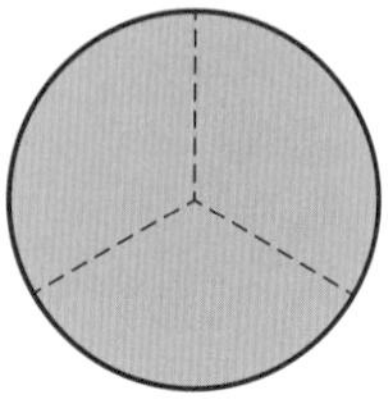
( )

분수에 맞게 색칠하고, 읽어 보세요.

❸ $\frac{5}{8}$

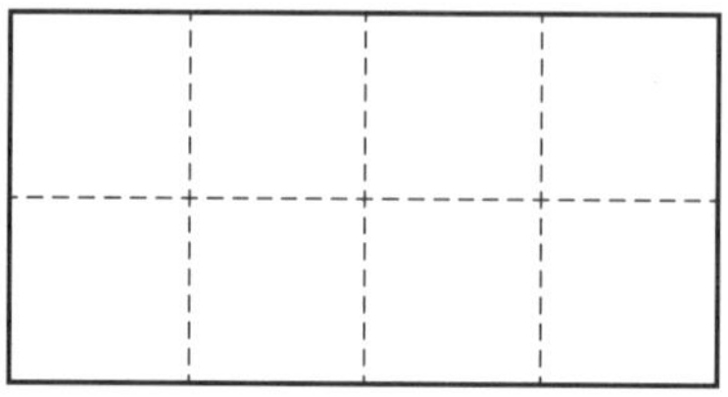

읽기 ( )

❹ $\frac{4}{5}$

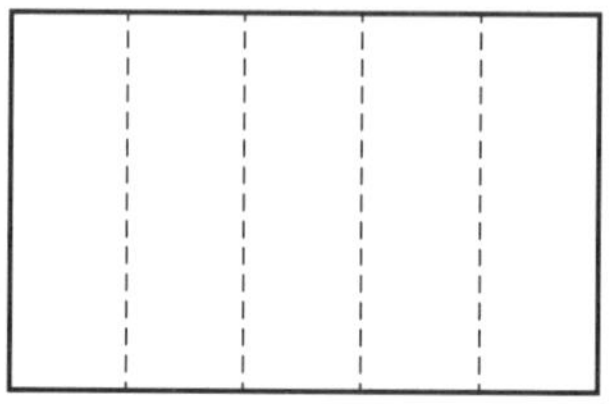

읽기 ( )

❺ $\frac{3}{7}$

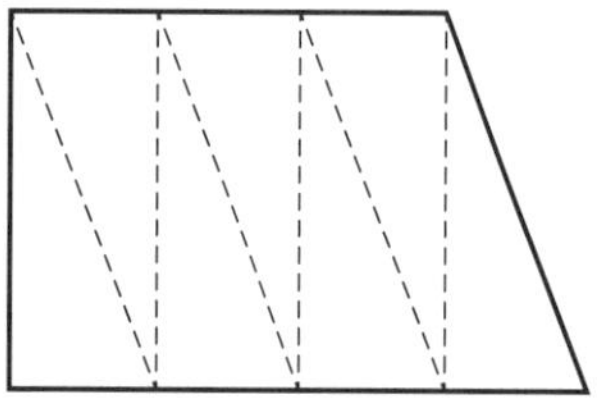

읽기 ( )

❻ $\frac{2}{6}$

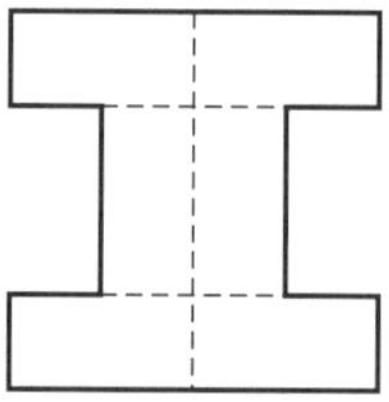

읽기 ( )

 정답 100쪽

표준 시간 20분 맞힌 개수 개

색칠한 부분과 색칠하지 않은 부분을 분수로 나타내어 보세요.

7
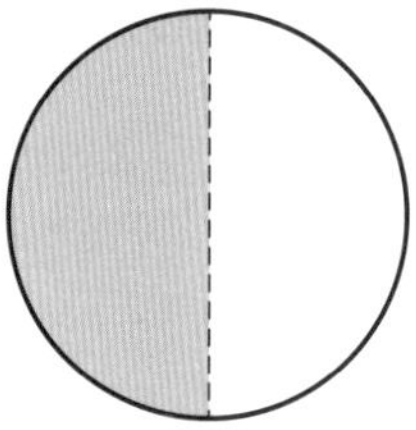
□ □

8
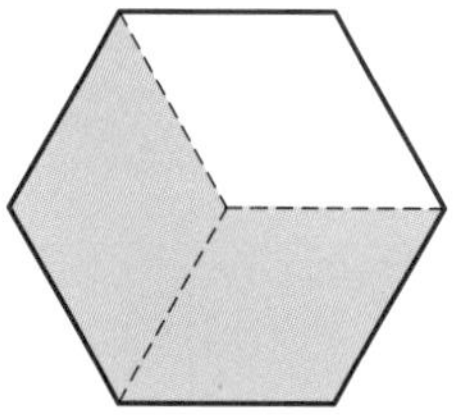
□ □

색칠한 부분은 전체의 얼마인지 □ 안에 알맞은 수를 써넣으세요.

9
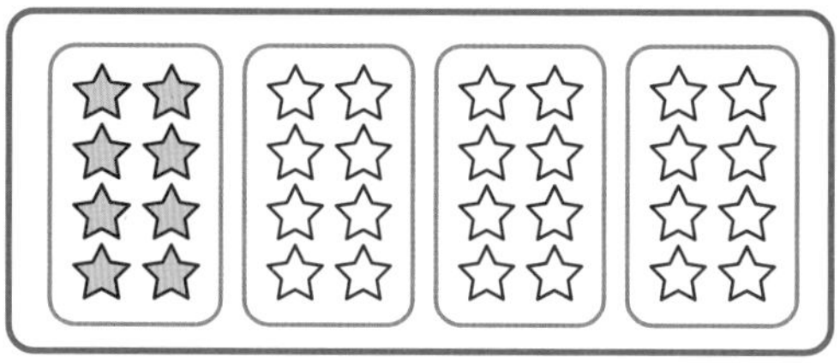

전체 □ 묶음 중에서 □ 묶음

→ $\frac{\square}{\square}$

10

전체 □ 묶음 중에서 □ 묶음

→ $\frac{\square}{\square}$

11
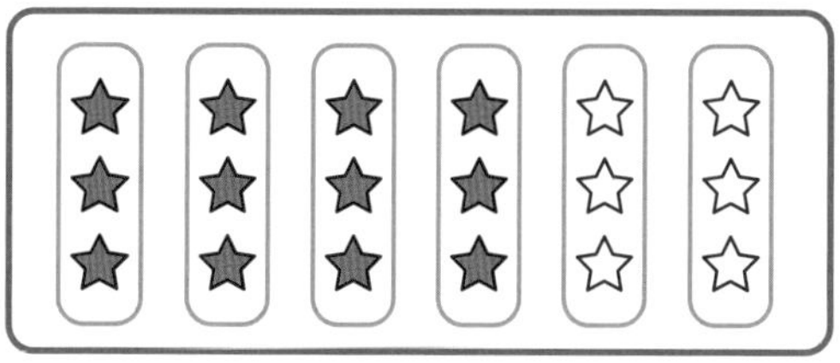

전체 □ 묶음 중에서 □ 묶음

→ $\frac{\square}{\square}$

12

전체 □ 묶음 중에서 □ 묶음

→ $\frac{\square}{\square}$

□ 안에 알맞은 수를 써넣으세요.

⑬ 28의 $\frac{3}{7}$은 □

⑭ 30의 $\frac{2}{6}$는 □

⑮ 32의 $\frac{5}{8}$는 □

⑯ 35의 $\frac{1}{5}$은 □

⑰ 16 cm의 $\frac{3}{8}$은 □ cm

⑱ 20 cm의 $\frac{2}{5}$는 □ cm

⑲ 21 cm의 $\frac{3}{7}$는 □ cm

⑳ 24 cm의 $\frac{6}{8}$은 □ cm

알맞은 분수를 모두 찾아 ○표 하세요.

㉑ 진분수

$\frac{2}{6}$ $1\frac{2}{5}$ $\frac{5}{3}$ $2\frac{2}{7}$ $\frac{5}{10}$

㉒ 가분수

$\frac{5}{4}$ $1\frac{5}{9}$ $\frac{12}{8}$ $\frac{4}{13}$ $3\frac{2}{7}$

㉓ 대분수

$2\frac{2}{8}$ $\frac{3}{7}$ $\frac{8}{3}$ $1\frac{8}{11}$ $\frac{13}{9}$

㉔ 대분수

$2\frac{2}{9}$ $\frac{3}{5}$ $\frac{7}{2}$ $1\frac{8}{12}$ $\frac{13}{6}$

대분수를 가분수로, 가분수를 대분수로 나타내어 보세요.

㉕ $1\frac{1}{4}$ → (　　　)

㉖ $2\frac{2}{5}$ → (　　　)

㉗ $\frac{26}{5}$ → (　　　)

㉘ $\frac{30}{7}$ → (　　　)

㉙ $1\frac{1}{3}$ → (　　　)

㉚ $2\frac{2}{5}$ → (　　　)

㉛ $\frac{26}{6}$ → (　　　)

㉜ $\frac{30}{8}$ → (　　　)

두 분수의 크기를 비교하여 ○ 안에 >, =, <를 알맞게 써넣으세요.

㉝ $\frac{9}{10}$ ○ $\frac{7}{10}$

㉞ $\frac{1}{6}$ ○ $\frac{1}{8}$

㉟ $\frac{3}{8}$ ○ $\frac{5}{8}$

㊱ $\frac{1}{21}$ ○ $\frac{1}{7}$

㊲ $2\frac{5}{20}$ ○ $\frac{45}{20}$

㊳ $\frac{42}{10}$ ○ $3\frac{2}{10}$

㊴ $4\frac{4}{5}$ ○ $\frac{45}{5}$

㊵ $\frac{43}{15}$ ○ $3\frac{7}{15}$

한눈에 보는 개념 노트

1 똑같이 나누기, 분수 알기

전체를 모양과 크기가 똑같게 나누면 전체와 부분을 분수로 나타낼 수 있습니다.

분수는 $\frac{(\text{부분의 수})}{(\text{전체를 똑같이 나눈 수})}$로 나타냅니다.

쓰기 $\frac{1}{2}$ (1 ← 분자, 2 ← 분모) 읽기 2분의 1

2 전체와 부분의 관계, 몇씩 묶기로 분수로 나타내기

부분을 나타낸 분수를 보고 전체를 알 수 있습니다.

몇씩 묶으면 크기가 같은 부분을 만들 수 있으므로

분수 $\frac{(\text{부분 묶음의 수})}{(\text{전체 묶음의 수})}$로 나타냅니다.

3 전체에 대한 분수만큼 알기

- 자연수에서 전체의 분수만큼은 얼마인지 구할 수 있습니다.
  - 한 묶음이 얼마인지 구하고, 한 묶음의 수에 부분 묶음의 수를 곱해서 구합니다.
- 길이에서 전체의 분수만큼은 얼마인지 구할 수 있습니다.
  - 한 부분의 길이가 몇 cm인지 구하고, 한 부분의 길이에 부분의 수를 곱해서 구합니다.

4 진분수, 가분수, 대분수 알기

- 진분수: 분자가 분모보다 작은 분수 → 예 $\frac{2}{5}$, $\frac{2}{3}$
- 가분수: 분자가 분모와 같거나 분모보다 큰 분수 → 예 $\frac{5}{5}$, $\frac{6}{5}$
- 대분수: 자연수와 진분수로 이루어진 분수 → 예 $1\frac{3}{5}$, $2\frac{4}{7}$
- 가분수를 대분수로, 대분수를 가분수로 나타낼 수 있습니다.

  → $\frac{6}{5}$은 $\frac{5}{5}$와 $\frac{1}{5}$로 나타낼 수 있고, $\frac{5}{5}=1$이므로 $1\frac{1}{5}$로 나타낼 수 있습니다.

5 분수의 크기 비교 방법

- 분모가 같은 진분수의 크기 비교

  → 분모가 같은 진분수는 분자가 큰 분수가 더 큽니다.

  예 $\frac{1}{3}$, $\frac{2}{3}$ → $\frac{1}{3} < \frac{2}{3}$

- 단위분수끼리의 크기 비교

  → 분모가 클수록 더 작습니다.

  예 $\frac{1}{5}$, $\frac{1}{7}$ → $\frac{1}{5} > \frac{1}{7}$

  5<7

- 분모가 같은 가분수의 크기 비교

  → 분모가 같은 가분수는 분자가 큰 분수가 더 큽니다.

  예 $\frac{8}{5}$, $\frac{11}{5}$ → $\frac{8}{5} < \frac{11}{5}$

- 분모가 같은 대분수의 크기 비교

  → 자연수 부분을 먼저 비교해 봅니다.

  → 자연수 부분이 같으면 진분수 부분을 비교해 봅니다.

  예 $1\frac{3}{7}$, $1\frac{1}{7}$ → $1\frac{3}{7} > 1\frac{1}{7}$

  같아요

2. 소수

지도 가이드

분수와 소수 3학년 1학기

1. 소수를 이해하고, mm와 cm의 관계를 통해 자연수와 소수의 관계를 알 수 있습니다.

소수의 덧셈과 뺄셈 4학년 2학기

1. 소수 두 자리 수, 소수 세 자리 수를 알 수 있습니다.
2. 소수 사이의 관계와 소수의 크기를 비교할 수 있습니다.

학습 계획표

번호	쪽수	공부한 날	성취도
01	64~67쪽	월　　일	☺ 😐 ☹
02	68~71쪽	월　　일	☺ 😐 ☹
03	72~75쪽	월　　일	☺ 😐 ☹
04	76~79쪽	월　　일	☺ 😐 ☹
05	80~83쪽	월　　일	☺ 😐 ☹
06	84~87쪽	월　　일	☺ 😐 ☹
07	88~91쪽	월　　일	☺ 😐 ☹

교 과 서 개 념 을 배 워 요

01 소수 이해하기

학습목표
- 분모가 10인 분수로 소수 한 자리 수를 알 수 있어요.
- 소수를 읽고 쓸 수 있어요.

분모가 10인 분수를 소수점을 이용해서 소수로 나타낼 수도 있구나.

0.1, 0.2, 0.3과 같은 수를 소수라 하고, '.'을 소수점이라고 해요.

전체를 똑같이 10으로 나눈 것 중의 1은 $\frac{1}{10}$입니다.
분수 $\frac{1}{10}$을 0.1이라 쓰고 영 점 일이라고 읽습니다.

$\frac{1}{10}=0.1$ (소수점)

$\frac{1}{10}$, $\frac{2}{10}$······ $\frac{9}{10}$를 0.1, 0.2······ 0.9라 쓰고 영 점 일, 영 점 이······ 영 점 구라고 읽습니다.

0	$\frac{1}{10}$	$\frac{2}{10}$	$\frac{3}{10}$	$\frac{4}{10}$	$\frac{5}{10}$	$\frac{6}{10}$	$\frac{7}{10}$	$\frac{8}{10}$	$\frac{9}{10}$	1
0	0.1	0.2	0.3	0.4	0.5	0.6	0.7	0.8	0.9	1

개념 문제

그림을 보고 □ 안에 알맞게 써넣으세요.

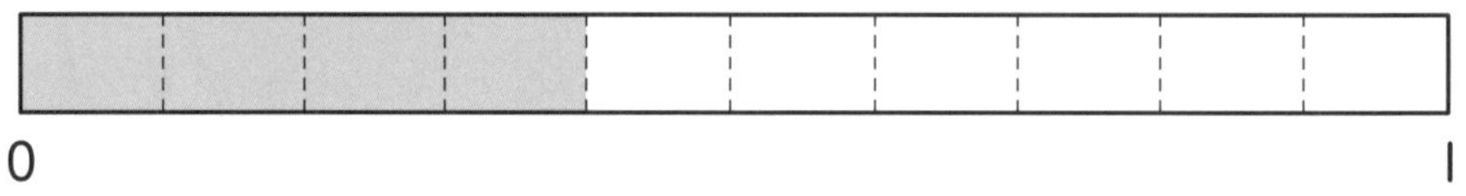

색칠한 부분을 분수로 나타내면 $\frac{4}{10}$입니다.

소수로 나타내면 0.4 (이)라 쓰고, 영점사 (이)라고 읽습니다.

문제로 개념을 확인해요

색칠하기

소수만큼 색칠해 보세요.

0.1

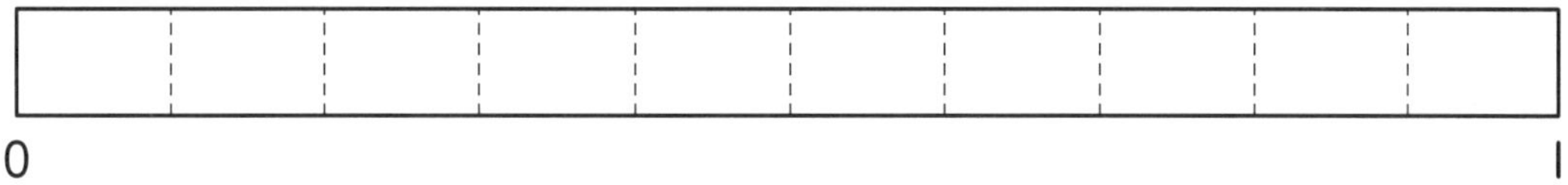

0.3

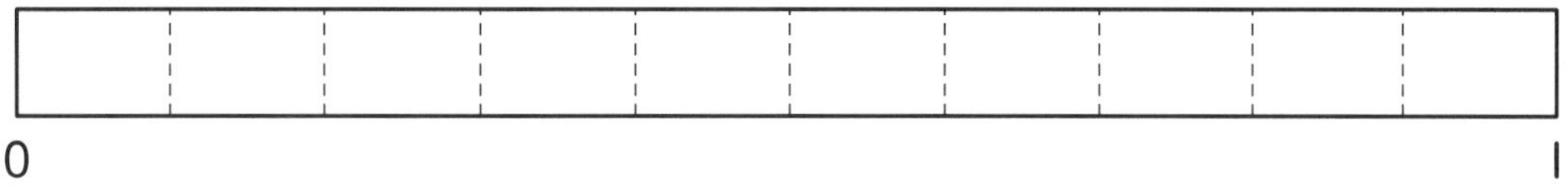

0.5

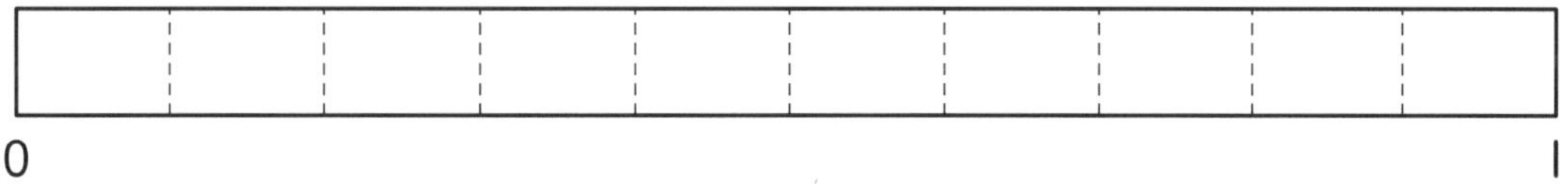

0.7

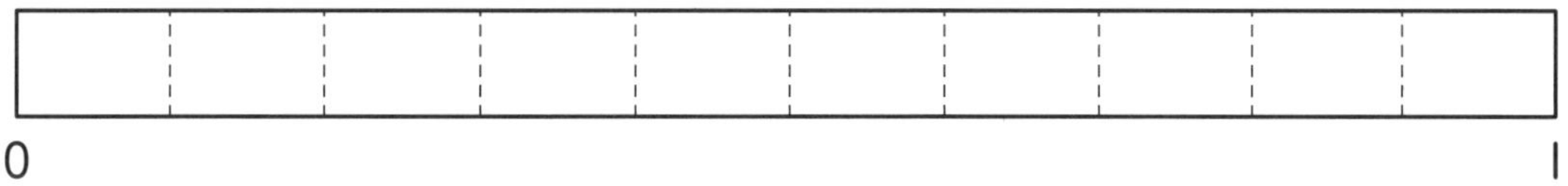

0.9

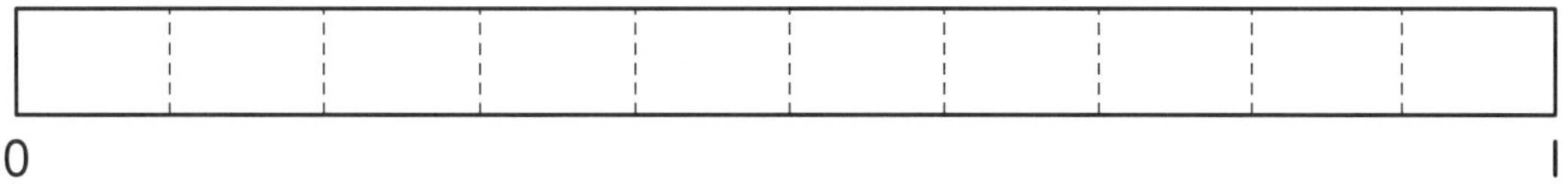

문제로 개념을 확인해요

쓰기

색칠한 부분을 분수와 소수로 나타내어 보세요.

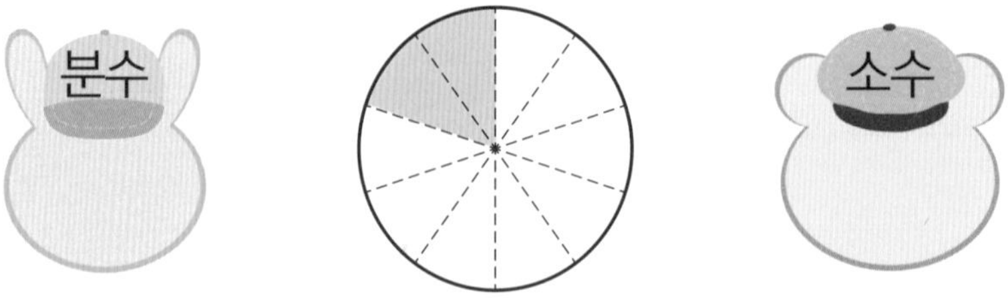

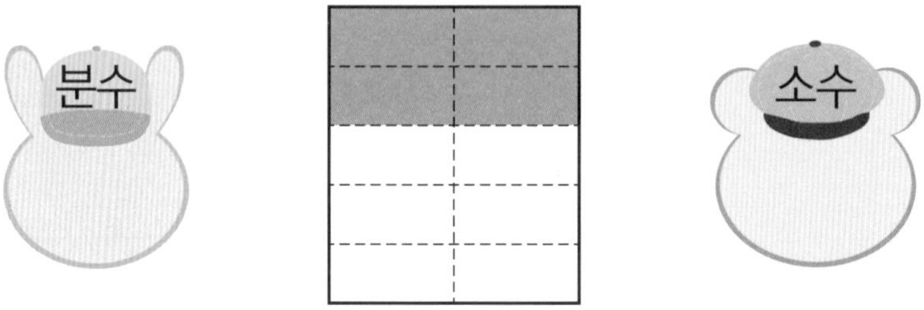

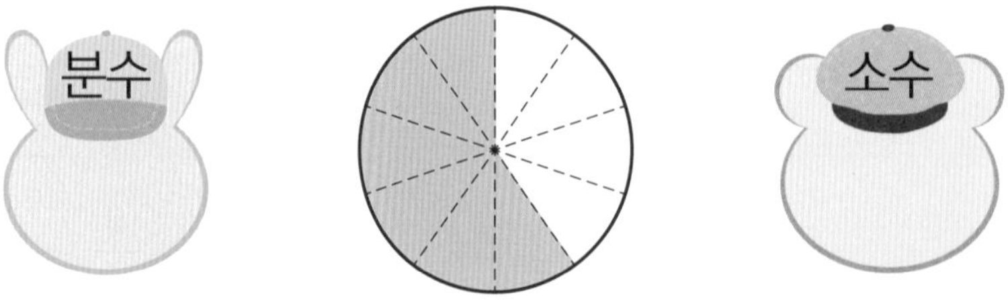

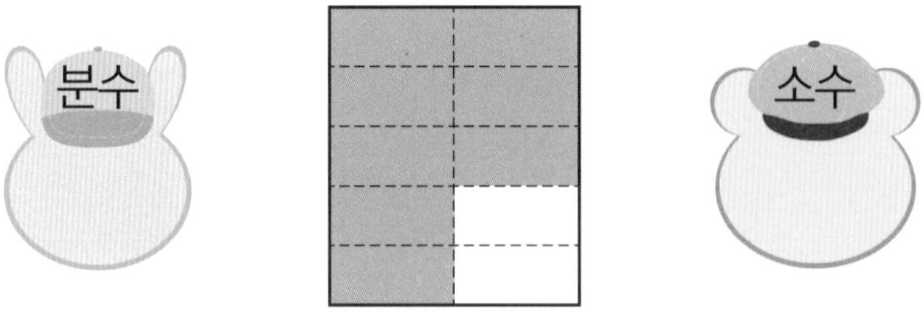

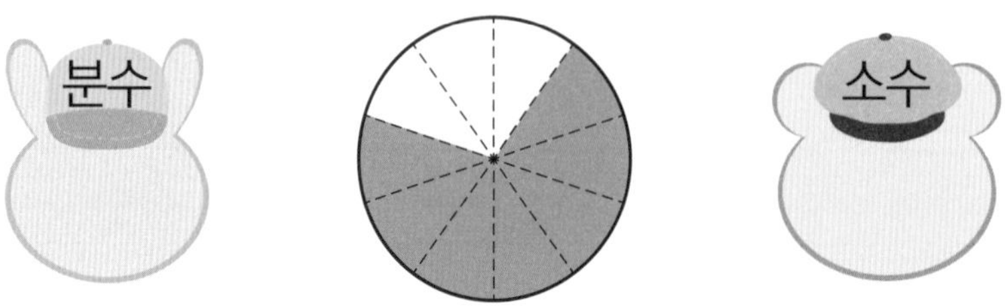

문제로 개념을 확인해요

선 잇기

같은 것끼리 이어 보세요.

$\frac{3}{10}$	0.1이 3개	영점오
$\frac{1}{10}$이 2개	0.5	영점삼
$\frac{7}{10}$	0.1이 7개	영점칠
$\frac{1}{10}$이 9개	0.2	영점구
$\frac{5}{10}$	0.9	영점사
$\frac{1}{10}$이 4개	0.4	영점이

교 과 서 개 념 을 배 워 요

02 자연수와 소수

학습목표
- cm와 mm의 관계를 이용하여 자연수와 소수를 이해할 수 있어요.
- 1보다 큰 소수를 나타낼 수 있어요.

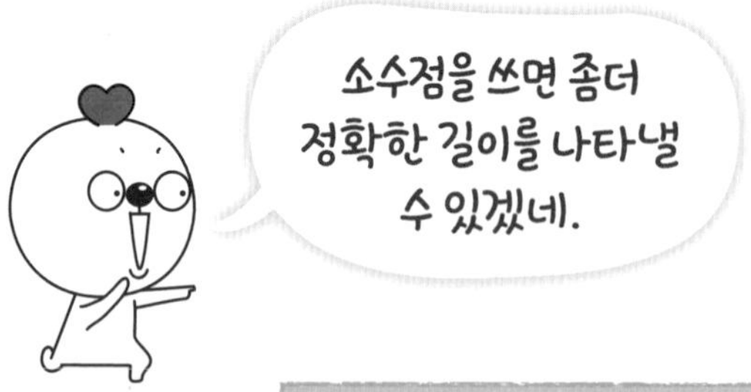

5와 0.6만큼을 5.6이라 쓰고 오 점 육이라고 읽어요.

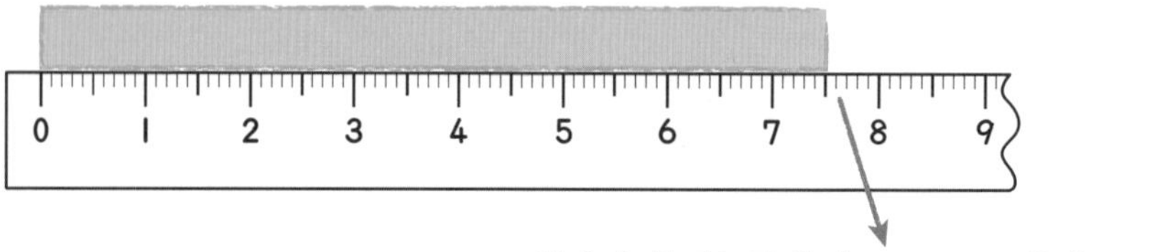

색 테이프의 길이는 7 cm보다 5 mm 더 깁니다.
5 mm를 cm로 나타내면 0.5 cm입니다.
7 cm보다 5 mm 더 긴 길이는 소수로 7.5 cm입니다.

7 cm 5 mm = 7 cm + 5 mm
= 7 cm + 0.5 cm
= 7.5 cm

75 mm = 70 mm + 5 mm
= 7 cm + 0.5 cm
= 7.5 cm

개념 문제

그림을 보고 □ 안에 알맞게 써넣으세요.

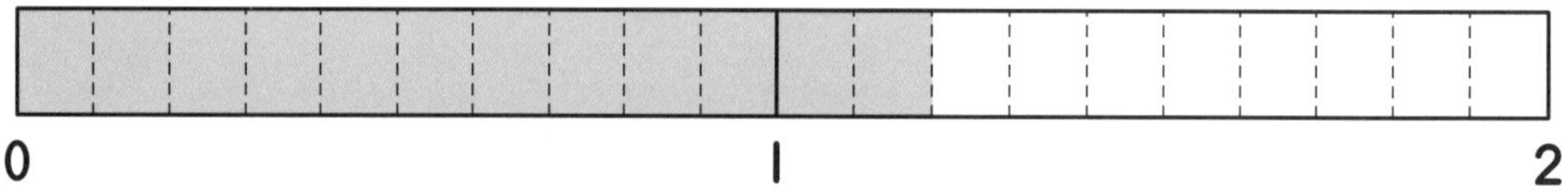

색칠한 부분을 소수로 나타내면 [1.2] (이)라 쓰고,

[일점이] (이)라고 읽습니다.

문제로 개념을 확인해요

쓰기

색칠한 부분은 0.1이 몇 개인 수인지 쓰고, 소수로 나타내세요.

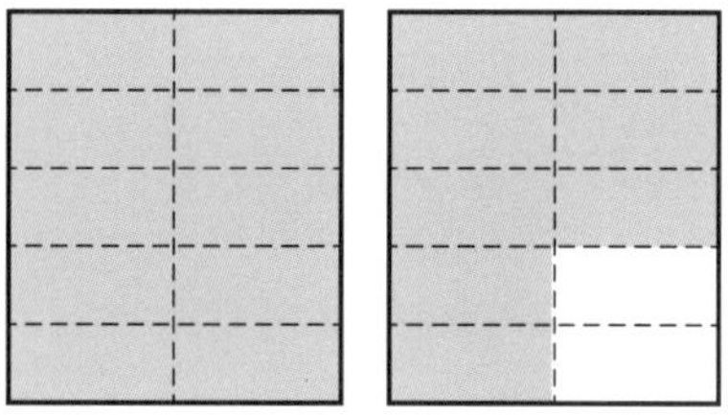

☐ 개

→ ☐

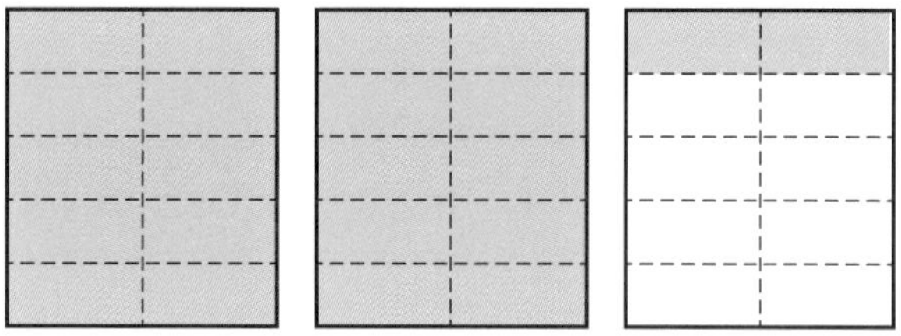

☐ 개

→ ☐

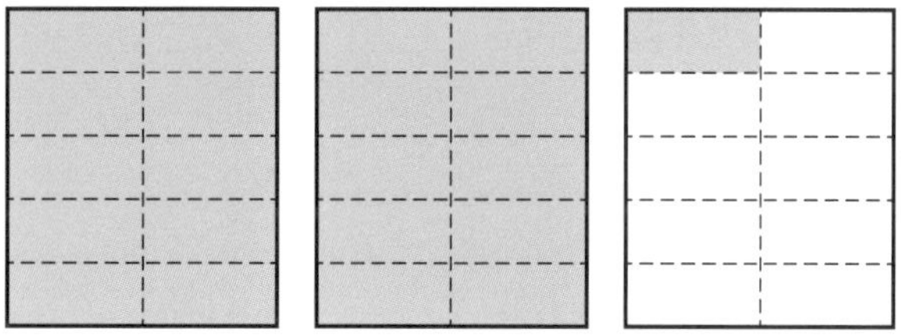

☐ 개

→ ☐

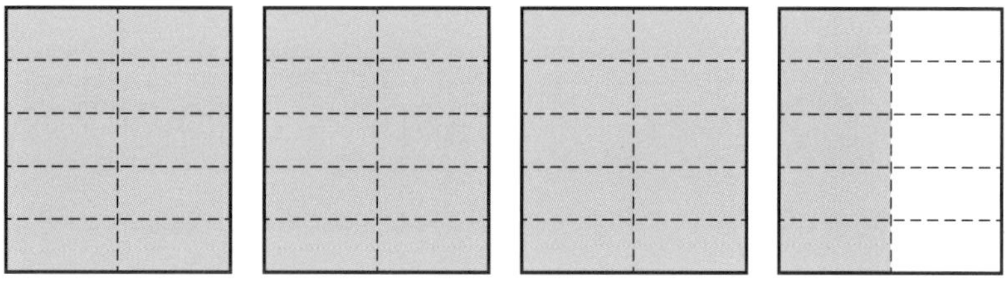

☐ 개

→ ☐

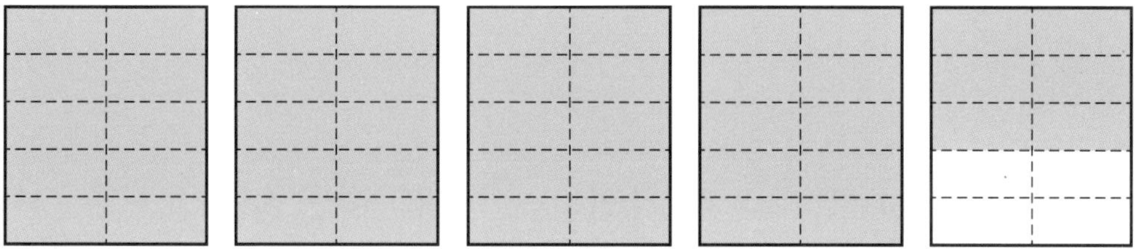

☐ 개

→ ☐

문제로 개념을 확인해요

쓰기

□ 안에 알맞은 수를 쓰세요.

1.4는 0.1이 □ 개입니다.

1.9는 0.1이 □ 개입니다.

2.5는 0.1이 □ 개입니다.

2.7은 0.1이 □ 개입니다.

3.2는 0.1이 □ 개입니다.

3.6은 0.1이 □ 개입니다.

4.8은 0.1이 □ 개입니다.

5.1은 0.1이 □ 개입니다.

0.1이 □ 개이면 1.1입니다.

0.1이 □ 개이면 1.8입니다.

0.1이 □ 개이면 2.2입니다.

0.1이 □ 개이면 2.8입니다.

0.1이 □ 개이면 3.4입니다.

0.1이 □ 개이면 3.9입니다.

0.1이 □ 개이면 4.2입니다.

0.1이 □ 개이면 5.6입니다.

정답 101쪽

문제로 개념을 확인해요

선 잇기

같은 것끼리 이어 보세요.

1 cm 8 mm	4.3 cm
43 mm	5.2 cm
3 cm 3 mm	1.8 cm
52 mm	3.3 cm
2 cm 6 mm	6.1 cm
61 mm	7.7 cm
7 cm 7 mm	2.6 cm

정답 101쪽

교과서 개념을 배워요

03 소수 두 자리 수, 소수 세 자리 수

학습목표 ▸ • 소수 두 자리 수, 소수 세 자리 수를 알 수 있어요.

분수 $\frac{1}{100}$은 소수로 0.01이라 쓰고,
영 점 영일이라고 읽어요.

0.45는 영 점 사오라고 읽습니다.

일의 자리		소수 첫째 자리	소수 둘째 자리
0	.		
0	.	4	
0	.	0	5

0.45에서 4는 소수 첫째 자리 숫자이고, 0.4를 나타냅니다.
5는 소수 둘째 자리 숫자이고, 0.05를 나타냅니다.

$$\frac{45}{100}=0.45$$

0.283은 영 점 이팔삼이라고 읽습니다.

일의 자리		소수 첫째 자리	소수 둘째 자리	소수 셋째 자리
0	.			
0	.	2		
0	.	0	8	
0	.	0	0	3

0.283에서 2는 소수 첫째 자리 숫자이고, 0.2를 나타냅니다.
8은 소수 둘째 자리 숫자이고, 0.08을 나타냅니다.
3은 소수 셋째 자리 숫자이고, 0.003을 나타냅니다.

$$\frac{283}{1000}=0.283$$

문제로 개념을 확인해요

쓰기

전체 크기가 1인 모눈종이에 색칠된 부분의 크기를 소수로 나타내어 보세요.

소수 두 자리 수

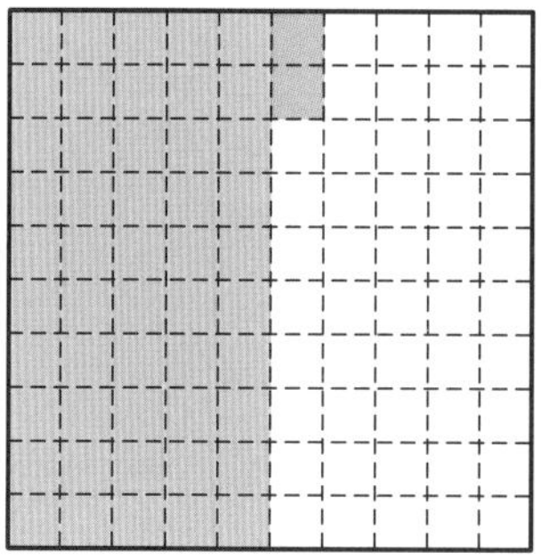

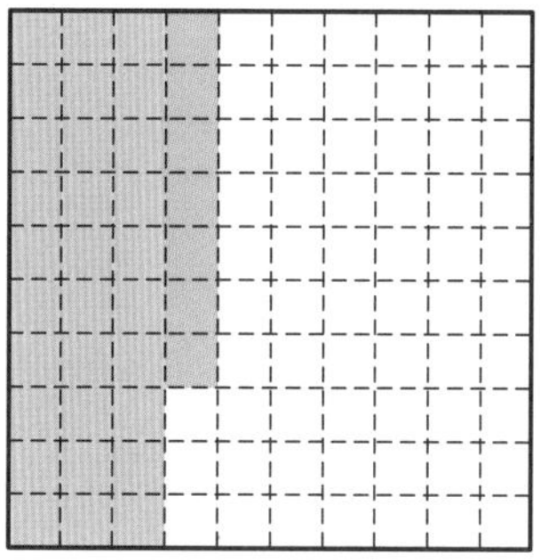

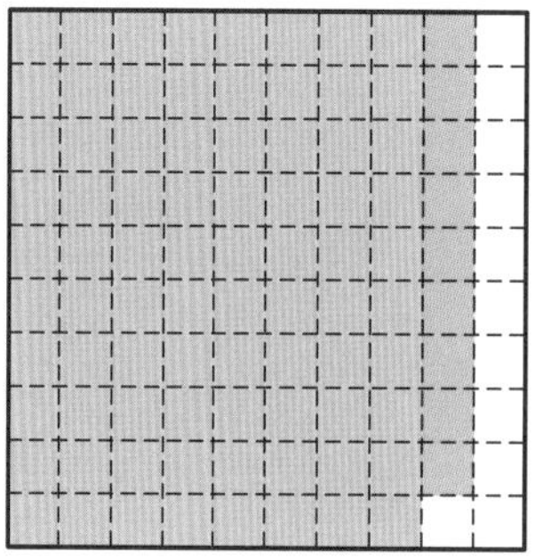

소수 세 자리 수

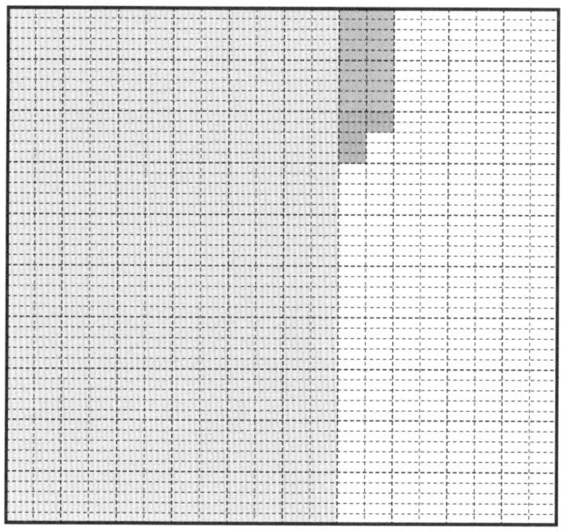

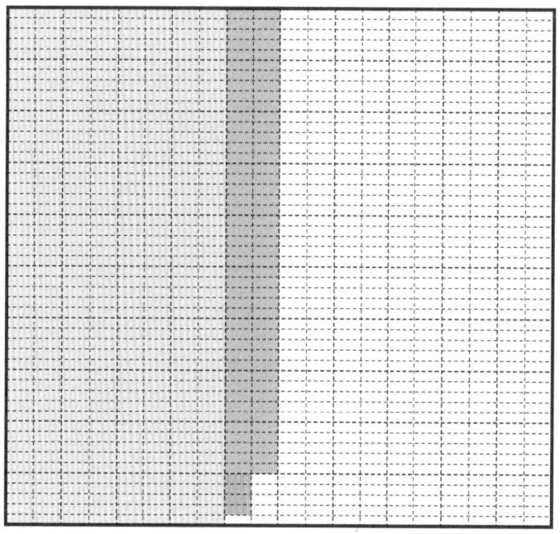

문제로 개념을 확인해요

쓰기

□ 안에 알맞은 수를 써넣으세요.

3.26에서

3은 일의 자리 숫자이고 □ 을/를 나타냅니다.

2는 소수 첫째 자리 숫자이고 □ 을/를 나타냅니다.

6은 소수 둘째 자리 숫자이고 □ 을/를 나타냅니다.

7.182에서

7은 일의 자리 숫자이고 □ 을/를 나타냅니다.

1은 소수 첫째 자리 숫자이고 □ 을/를 나타냅니다.

8은 소수 둘째 자리 숫자이고 □ 을/를 나타냅니다.

2는 소수 셋째 자리 숫자이고 □ 을/를 나타냅니다.

4.365에서

4는 일의 자리 숫자이고 □ 을/를 나타냅니다.

3은 소수 첫째 자리 숫자이고 □ 을/를 나타냅니다.

6은 소수 둘째 자리 숫자이고 □ 을/를 나타냅니다.

5는 소수 셋째 자리 숫자이고 □ 을/를 나타냅니다.

정답 101쪽

문제로 개념을 확인해요

선 잇기

같은 것끼리 이어 보세요.

0.02	0.27
1.55	이 점 일팔육
$\frac{27}{100}$	영 점 영이
2.186	일 점 오오
0.357	0.528
$\frac{528}{1000}$	오 점 이구
5.29	영 점 삼오칠

04 소수 사이의 관계

학습목표
- 1, 0.1, 0.01 사이의 관계를 알 수 있어요.

1을 똑같이 10으로 나눈 하나는 0.1, 0.1을 똑같이 10으로 나눈 하나는 0.01, 0.01을 똑같이 10으로 나눈 하나는 0.001입니다.

10배, 100배, 1000배인 수와 $\frac{1}{10}$, $\frac{1}{100}$, $\frac{1}{1000}$인 수를 알 수 있어요.

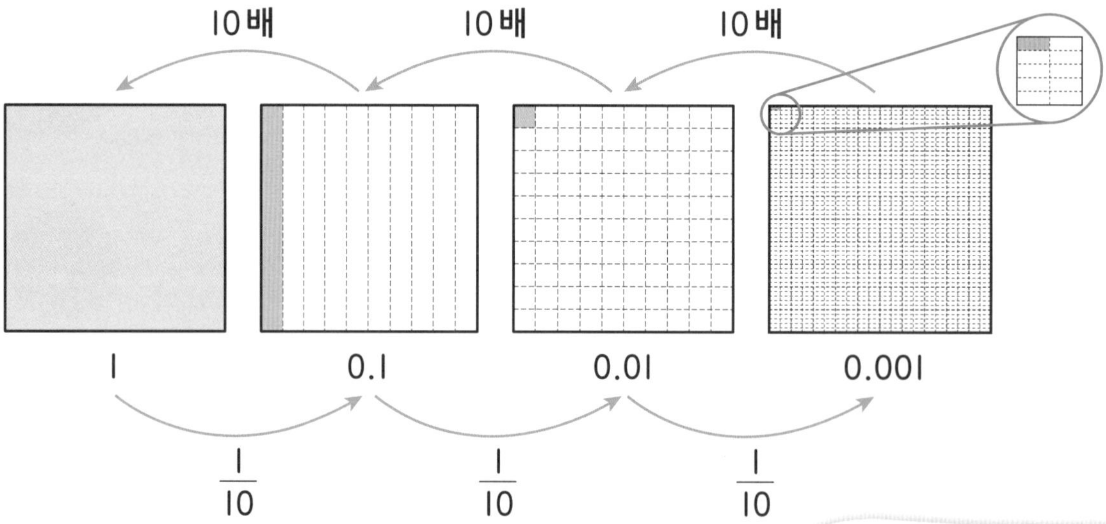

1			
0 .	1		
0 .	0	1	
0 .	0	0	1

아래로: $\frac{1}{10}$, $\frac{1}{10}$, $\frac{1}{10}$ / 위로: 10배, 10배, 10배

문제로 개념을 확인해요

쓰기

빈칸에 알맞은 수를 써넣으세요.

6 —($\frac{1}{10}$)→ [ ] —($\frac{1}{10}$)→ [ ]

0.5 —($\frac{1}{10}$)→ [ ] —($\frac{1}{10}$)→ [ ]

13.7 —($\frac{1}{10}$)→ [ ] —($\frac{1}{10}$)→ [ ]

0.8 —(10배)→ [ ] —(10배)→ [ ]

0.92 —(10배)→ [ ] —(10배)→ [ ]

0.214 —(10배)→ [ ] —(10배)→ [ ]

문제로 개념을 확인해요

표시하기

다른 수를 설명한 친구에 ○표 하세요.

1235의 $\frac{1}{100}$	1.235의 10배	12.35의 $\frac{1}{10}$

(　　　　)	(　　　　)	(　　　　)

2.48의 100배	2480의 $\frac{1}{10}$	248의 10배

(　　　　)	(　　　　)	(　　　　)

4.809의 10배	48.09의 100배	480.9의 $\frac{1}{10}$

(　　　　)	(　　　　)	(　　　　)

문제로 개념을 확인해요

쓰기

㉠이 나타내는 수는 ㉡이 나타내는 수의 몇 배인지 쓰세요.

12.452

㉠ ㉡

(　　　　　　　　)

28.081

㉠ ㉡

(　　　　　　　　)

51.095

㉠ ㉡

(　　　　　　　　)

6.373

㉠ ㉡

(　　　　　　　　)

60.168

㉠ ㉡

(　　　　　　　　)

9.09

㉠ ㉡

(　　　　　　　　)

0.767

㉠ ㉡

(　　　　　　　　)

83.248

㉠ ㉡

(　　　　　　　　)

정답 101쪽

교과서 개념을 배워요

05 소수의 크기 비교

학습목표 ● 소수의 크기를 비교할 수 있어요.

소수의 크기를 비교할 때는
소수 첫째 자리부터 차례로 비교해요.

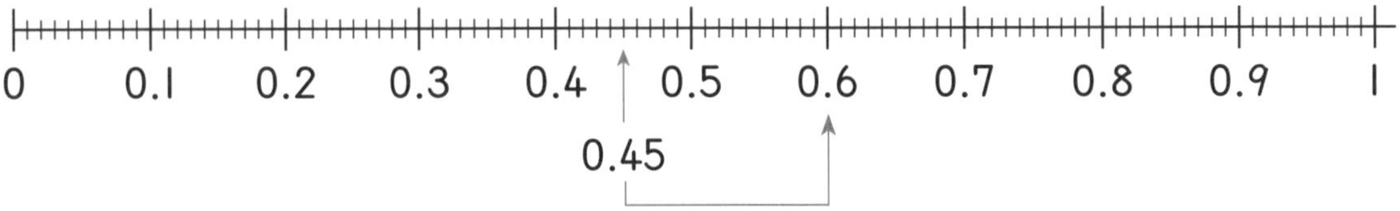

위치를 비교해 보면 0.45보다 0.6이 더 오른쪽에 있어요.

$0.45 < 0.6$

소수 0.4와 0.40은 같은 수입니다.
필요한 경우 소수의 오른쪽 끝자리에 0을 붙여서 나타낼 수 있습니다.

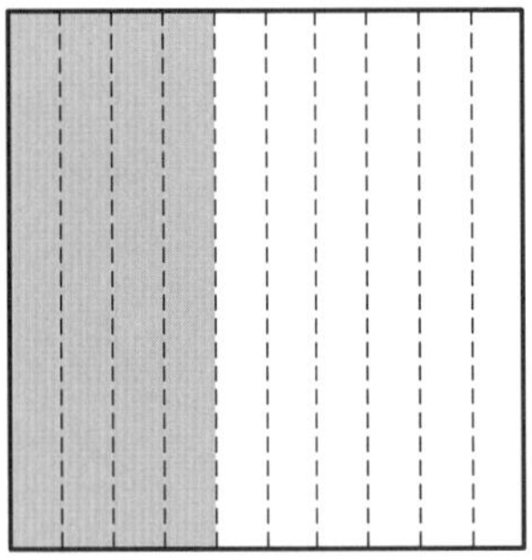

0.4

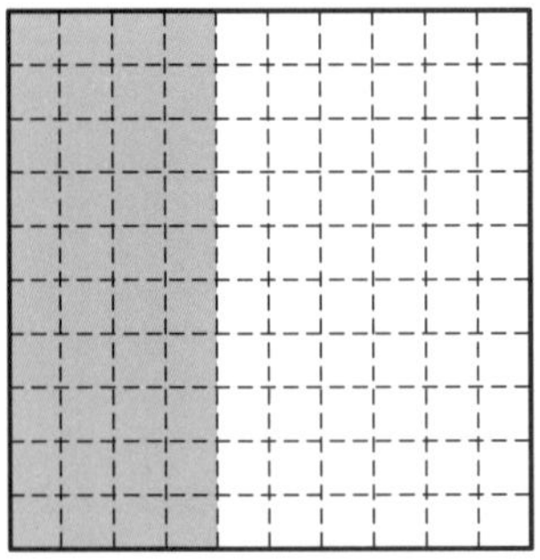

0.40

$0.4 = 0.40$

문제로 개념을 확인해요

색칠하기

전체 크기가 1인 모눈종이에 두 소수를 나타내고, 크기를 비교해 보세요.

0.29 ○ 0.3

0.77 ○ 0.59

0.8 ○ 0.80

문제로 개념을 확인해요

쓰기

두 수의 크기를 비교하여 ○ 안에 >, =, <를 알맞게 써넣으세요.

1.201	○	18.08	0.008	○	0.08
7.92	○	17.2	16.98	○	1.897
0.656	○	1.92	2.80	○	2.8
27.98	○	2.789	0.085	○	0.85
2.076	○	1.9	33.897	○	3.865
8.05	○	8.005	31.2	○	3.078
90.87	○	9.087	6.29	○	62.9

정답 102쪽

문 제 로 개 념 을 확 인 해 요

표시하기

가장 무거운 것을 찾아 ○표 하세요.

(　　) (　　) (　　)

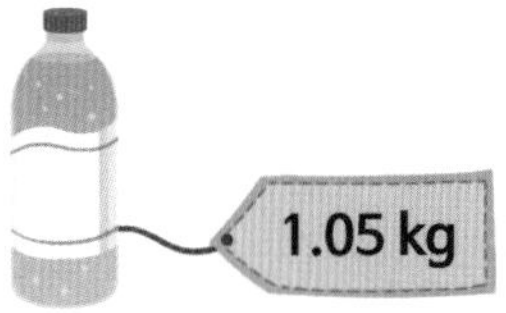

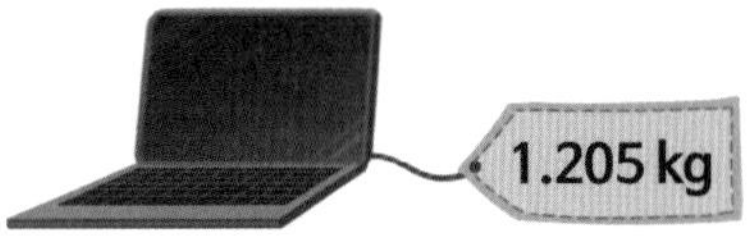

(　　) (　　) (　　)

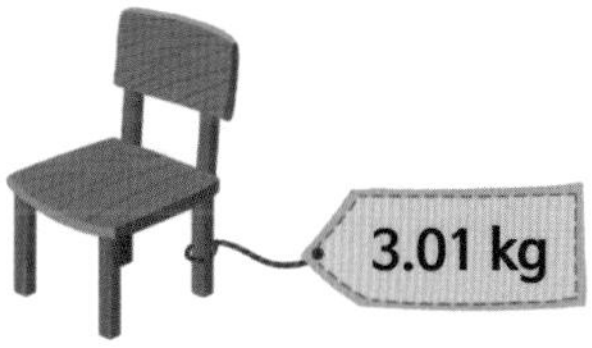

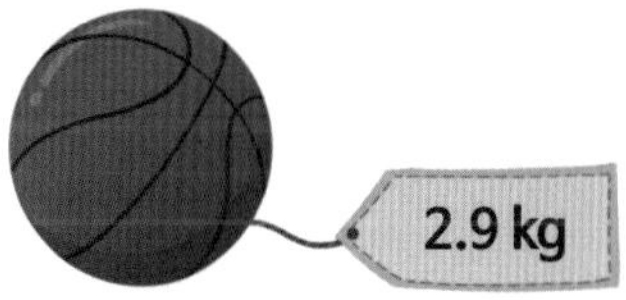

(　　) (　　) (　　)

(　　) (　　) (　　)

06 그림과 글로 배워요

1 조건을 만족하는 소수를 쓰고 읽어 보세요.

조건

- 소수 세 자리 수입니다.
- 소수 첫째 자리 숫자는 8입니다.
- 소수 둘째 자리 숫자는 1입니다.
- 소수 셋째 자리 숫자는 7입니다.
- 5보다 크고 6보다 작습니다.

자연수. ■ ■ ■

소수 첫째 자리 ← 소수 둘째 자리 → 소수 셋째 자리

소수 세 자리 수의 모양을 써 봐.

각 자리의 숫자를 자리에 맞게 써요.

자연수. □ □ □

5보다 크고 6보다 작은 수라는 조건에서

이 소수 세 자리 수의 자연수가 □ 임을 알 수 있어요.

조건을 만족하는 소수는 □.□□□이고,

_______________ 이라고 읽습니다.

 정답 102쪽

2

1부터 9까지의 자연수 중에서 □ 안에 공통으로 들어갈 수 있는 수를 모두 쓰세요.

3.5 < 3.□ 0.□ < 0.8

3.5 < 3.□

자연수 부분이 3으로 같으므로 □ 안에는 5보다 큰 수가 들어갈 수 있어요. 들어갈 수 있는 수에 모두 ○표 해 봐요.

(1 , 2 , 3 , 4 , 5 , 6 , 7 , 8 , 9)

0.□ < 0.8

자연수 부분이 0으로 같으므로 □ 안에는 8보다 작은 수가 들어갈 수 있어요. 들어갈 수 있는 수에 모두 ○표 해 봐요.

(1 , 2 , 3 , 4 , 5 , 6 , 7 , 8 , 9)

두 식에 공통으로 들어갈 수 있는 수에 ○표 해 봐요.

(1 , 2 , 3 , 4 , 5 , 6 , 7 , 8 , 9)

□ 안에 공통으로 들어갈 수 있는 수는 ______ 입니다.

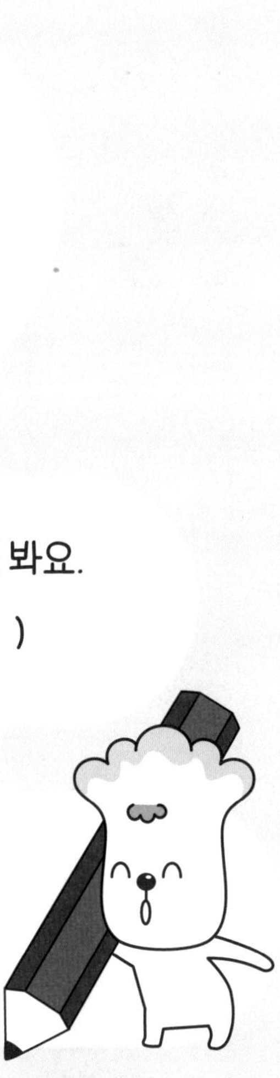

정답 102쪽

3

㉠, ㉡, ㉢에 알맞은 소수를 쓰세요.

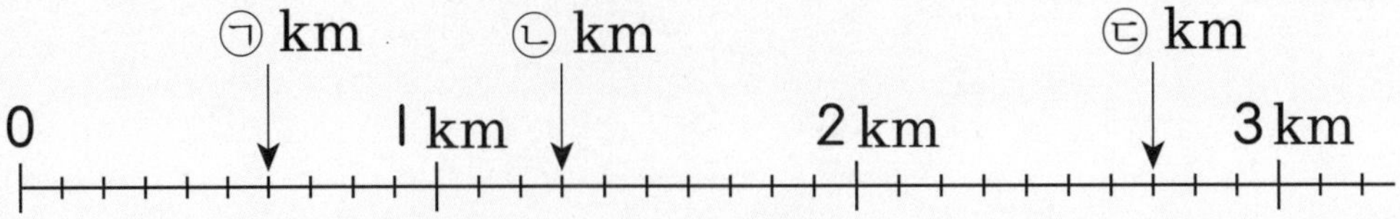

조건 1 km를 10으로 똑같이 나눈 한 칸: ☐ km

풀이 ㉠은 0부터 작은 눈금 6칸 간 곳이므로 ☐ km입니다.

㉡은 1 km부터 작은 눈금 3칸 간 곳이므로 ☐ km입니다.

㉢은 2 km부터 작은 눈금 7칸 간 곳이므로 ☐ km입니다.

답 ㉠= ______, ㉡= ______, ㉢= ______ **입니다.**

4

☐ 안에 들어가는 수를 모두 더하면 얼마인지 구하세요.

- 2.7은 0.027의 ☐배입니다.
- 40은 0.04의 ☐배입니다.
- 15.28은 1.528의 ☐배입니다.

조건 0.027 —(☐배)→ 2.7, 0.04 —(☐배)→ 40, 1.528 —(☐배)→ 15.28

풀이 ☐ 안에 들어가는 수를 모두 더하면

☐ + ☐ + ☐ = ☐ 입니다.

답 **☐ 안에 들어가는 수를 모두 더하면 ______ 입니다.**

5 다음과 같이 길이가 바뀌는 두 상자가 있습니다. 길이가 8.5 cm인 장난감을 파란색 상자에 2번 넣고, 노란색 상자에 한 번 넣으면 몇 cm가 되는지 구하세요.

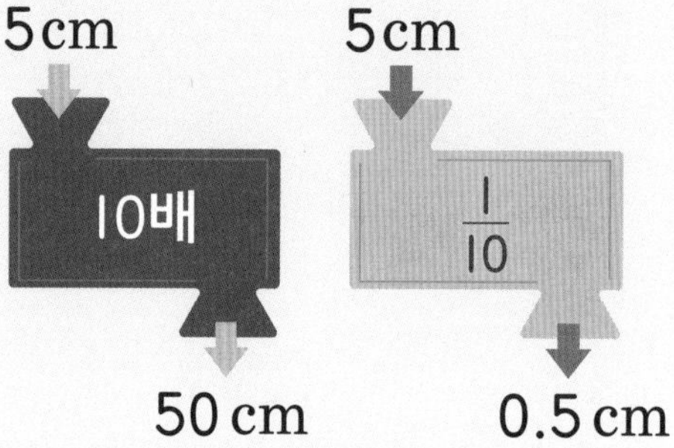

조건 ① 파란색 상자는 수를 넣으면 □ 배가 됩니다.

② 노란색 상자는 수를 넣으면 □ 이 됩니다.

풀이 파란색 상자에 2번 넣으면 8.5 —10배→ □ —10배→ □

노란색 상자에 1번 넣으면 □ —$\frac{1}{10}$배→ □

답 **길이가 8.5 cm인 장난감은 ____ cm가 됩니다.**

6 지후가 집에서부터 학교, 도서관, 놀이터까지의 거리를 알아보았습니다. 집에서 가까운 곳부터 순서대로 써 보세요.

집~학교	0.538 km
집~도서관	1012 m
집~놀이터	0.62 km

조건 ① 1 km=1000 m → 1 m= □ km

② 1012 m= □ km

풀이 집~도서관의 거리를 km로 나타내 세 소수의 크기를 비교합니다.

집~학교: 0.538 km, 집~도서관: □ km, 집~놀이터: 0.62 km

답 **집에서 가까운 곳부터 차례로 쓰면 ____ 입니다.**

07 마무리 평가

색칠한 부분을 분수와 소수로 나타내어 보세요.

❶
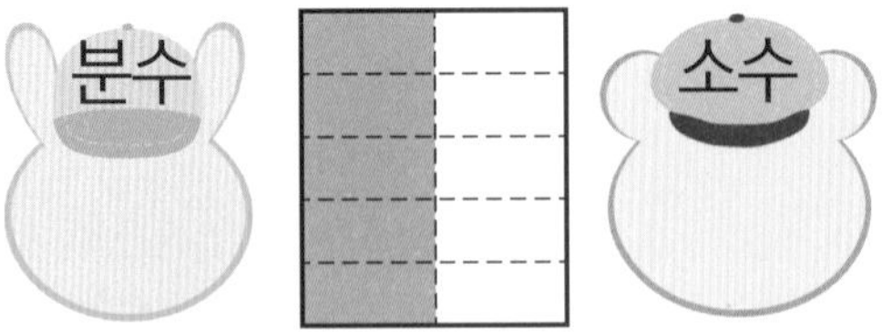

❷
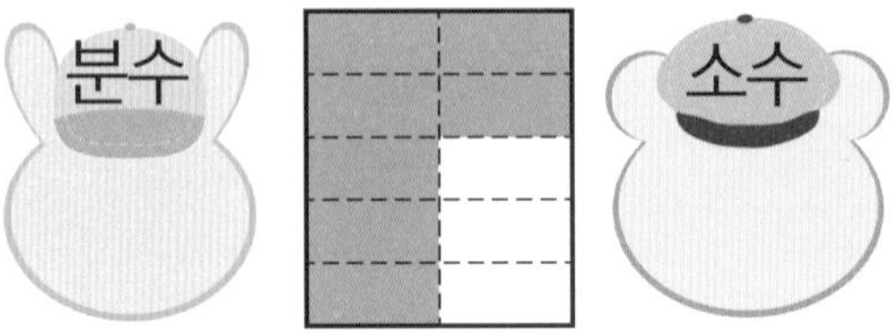

❸
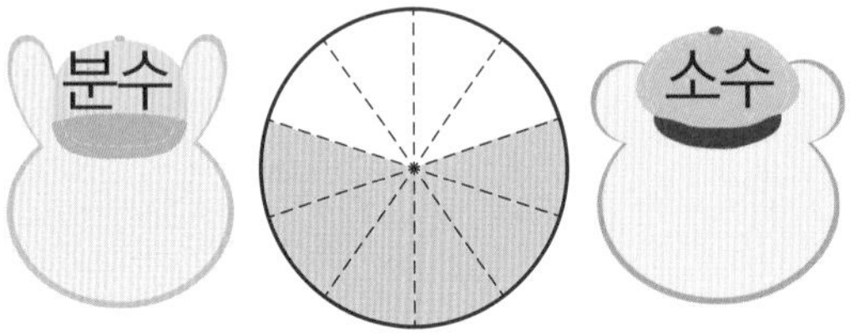

❹
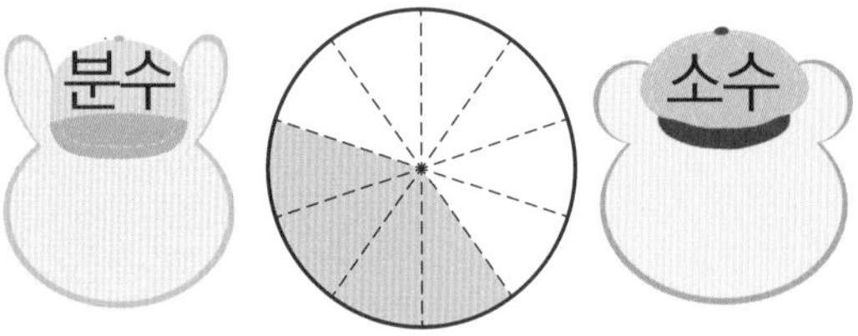

같은 것끼리 이어 보세요.

❺ $\frac{1}{10}$이 3개 • • 0.6 • • 영점육

❻ $\frac{6}{10}$ • • 0.3 • • 영점구

❼ $\frac{1}{10}$이 9개 • • 0.9 • • 영점삼

표준 시간 20분 | 맞힌 개수 개

□ 안에 알맞은 수를 쓰세요.

⑧ 3.4는 0.1이 □ 개입니다.

⑨ 5.1은 0.1이 □ 개입니다.

⑩ 2.9는 0.1이 □ 개입니다.

⑪ 7.5는 0.1이 □ 개입니다.

⑫ 0.1이 □ 개이면 5.5입니다.

⑬ 0.1이 □ 개이면 1.2입니다.

⑭ 0.1이 □ 개이면 6.7입니다.

⑮ 0.1이 □ 개이면 4.6입니다.

같은 것끼리 이어 보세요.

⑯ 4 cm 5 mm •	• 2.6 cm
⑰ 88 mm •	• 4.5 cm
⑱ 2 cm 6 mm •	• 8.8 cm
⑲ 9 mm •	• 1.3 cm
⑳ 1 cm 3 mm •	• 0.9 cm

☑ □ 안에 알맞은 수를 써넣으세요.

㉑ 7.18에서

7은 일의 자리 숫자이고 □ 을/를 나타냅니다.

1은 소수 첫째 자리 숫자이고 □ 을/를 나타냅니다.

8은 소수 둘째 자리 숫자이고 □ 을/를 나타냅니다.

㉒ 6.754에서

6은 일의 자리 숫자이고 □ 을/를 나타냅니다.

7은 소수 첫째 자리 숫자이고 □ 을/를 나타냅니다.

5는 소수 둘째 자리 숫자이고 □ 을/를 나타냅니다.

4는 소수 셋째 자리 숫자이고 □ 을/를 나타냅니다.

☑ 같은 것끼리 이어 보세요.

㉓ 2.04 • • 삼 점 일구팔

㉔ $\frac{43}{100}$ • • 이 점 영사

㉕ 3.198 • • 영 점 육칠이

㉖ 0.672 • • 0.43

그림을 보고 □ 안에 알맞은 수를 쓰세요.

27 20.6 —$\frac{1}{10}$→ □ —$\frac{1}{10}$→ □

28 0.104 —10배→ □ —10배→ □

㉠이 나타내는 수는 ㉡이 나타내는 수의 몇 배인지 쓰세요.

29 29.182 (㉠: first 2, ㉡: last 2)

(　　　　　　　)

30 3.171 (㉠: first 1, ㉡: last 1)

(　　　　　　　)

두 수의 크기를 비교하여 ○ 안에 >, =, <를 알맞게 써넣으세요.

31 2.145 ○ 2.9

32 28.987 ○ 2.897

33 4.05 ○ 4.005

34 26.1 ○ 2.654

35 50.67 ○ 87.1

36 3.82 ○ 3.8

한눈에 보는 개념 노트

1 소수 이해하기

전체를 똑같이 10으로 나눈 것 중의 1은 $\frac{1}{10}$입니다.

분수 $\frac{1}{10}$을 0.1이라 쓰고 영 점 일이라고 읽습니다.

0.1, 0.2, 0.3과 같은 수를 소수라고 합니다.

2 자연수와 소수

2와 0.3만큼을 2.3이라 쓰고 이 점 삼이라고 읽습니다.

$2\,cm\ 3\,mm = 2\,cm + 3\,mm = 2\,cm + 0.3\,cm = 2.3\,cm$

$23\,mm = 20\,mm + 3\,mm = 2\,cm + 0.3\,cm = 2.3\,cm$

3 소수 두 자리 수, 소수 세 자리 수

분수 $\frac{1}{100}$은 소수로 0.01이라 쓰고, 영 점 영일이라고 읽습니다.

분수 $\frac{1}{1000}$은 소수로 0.001이라 쓰고, 영 점 영영일이라고 읽습니다.

자연수. ■ ■ ■

소수 첫째 자리 ← 소수 둘째 자리 → 소수 셋째 자리

4 소수 사이의 관계

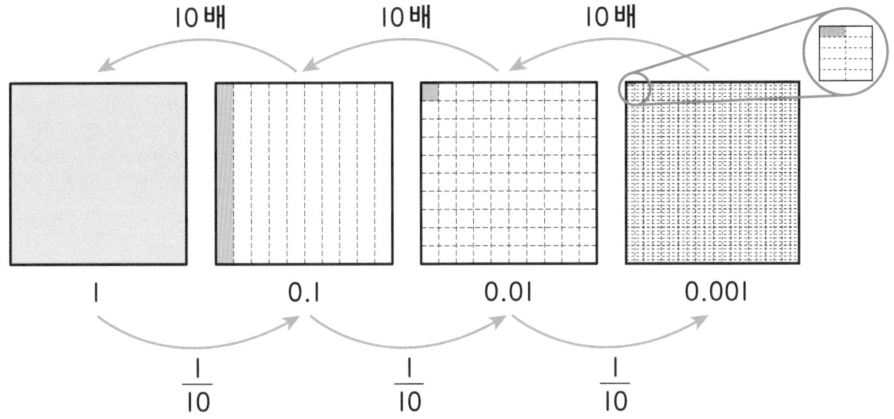

1을 똑같이 10으로 나눈 하나는 0.1, 0.1을 똑같이 10으로 나눈 하나는 0.01, 0.01을 똑같이 10으로 나눈 하나는 0.001이에요.

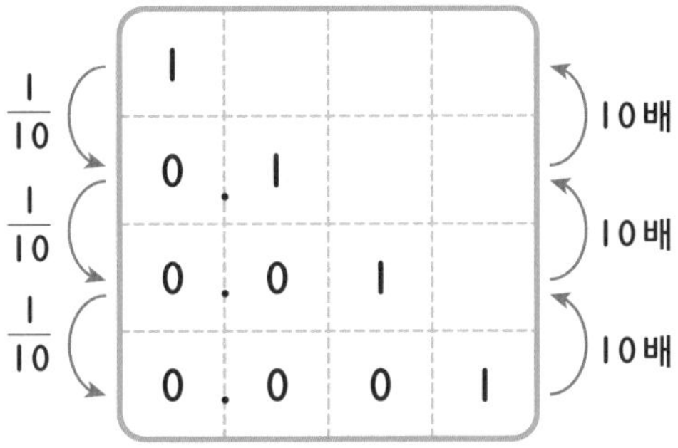

5 소수의 크기 비교

소수의 크기를 비교할 때는 먼저 자연수 부분을 비교하고 자연수 부분이 같으면 소수 첫째 자리부터 차례로 비교합니다.

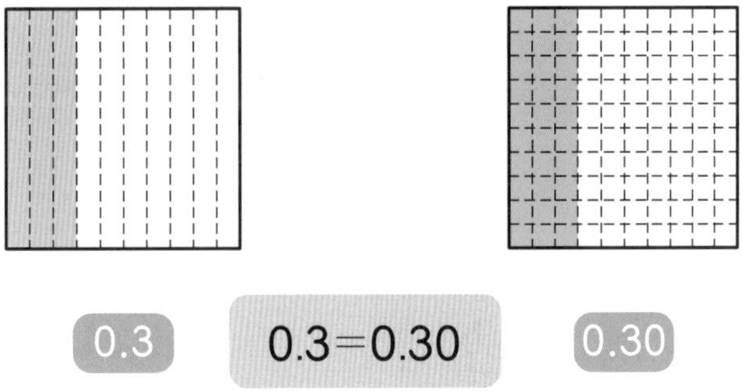

수학 퍼즐 맛보기

비교 변별

더 큰 수를 찾아라!

두 수의 크기를 비교하여 >, < 기호를 넣어 표시해 보세요.

$5 \bigcirc 6$	$12 \bigcirc 9$	$43 \bigcirc 72$
$\frac{1}{4} \bigcirc \frac{3}{4}$	$\frac{3}{5} \bigcirc \frac{2}{5}$	$\frac{6}{7} \bigcirc \frac{4}{7}$
$\frac{3}{3} \bigcirc \frac{1}{3}$	$\frac{7}{9} \bigcirc \frac{11}{9}$	$\frac{13}{7} \bigcirc \frac{22}{7}$

해답

$5 < 6$ $12 > 9$ $43 < 72$ $\frac{1}{4} < \frac{3}{4}$ $\frac{3}{5} > \frac{2}{5}$ $\frac{6}{7} > \frac{4}{7}$

$\frac{3}{3} > \frac{1}{3}$ $\frac{7}{9} < \frac{11}{9}$ $\frac{13}{7} < \frac{22}{7}$

브레인알파「수학 퍼즐」교재 내용입니다.

정답

09쪽

문제로 개념을 확인해요

표시하기 똑같이 나누어진 도형에 ○표 하세요.

(○) ( ) | ( ) (○)

( ) (○) | (○) ( )

(○) ( ) | ( ) (○)

( ) (○) | (○) ( )

10쪽

문제로 개념을 확인해요

쓰기 똑같이 나누어진 그림을 모두 찾아 기호를 쓰세요.

가 나 다 라 (가, 나)

가 나 다 라 (나, 라)

가 나 다 라 (가, 다)

가 나 다 라 (가, 라)

11쪽

문제로 개념을 확인해요

그리기 점을 이용하여 도형을 똑같이 나누어 보세요.

똑같이 둘로 나누기

똑같이 셋으로 나누기

똑같이 넷으로 나누기

똑같이 여섯으로 나누기

13쪽

문제로 개념을 확인해요

쓰기 부분은 전체의 얼마인지 □ 안에 알맞은 수를 써넣으세요.

부분 은 전체 를 똑같이 4 (으)로 나눈 것 중의 1 이므로 $\frac{1}{4}$ 입니다.

부분 은 전체 를 똑같이 4 (으)로 나눈 것 중의 2 이므로 $\frac{2}{4}$ 입니다.

부분 은 전체 를 똑같이 6 (으)로 나눈 것 중의 4 이므로 $\frac{4}{6}$ 입니다.

부분 은 전체 를 똑같이 8 (으)로 나눈 것 중의 3 이므로 $\frac{3}{8}$ 입니다.

14쪽

문제로 개념을 확인해요

표시하기 분수에 맞게 색칠한 것에 모두 ○표 하세요.

$\frac{3}{4}$ (○) (○) ( )

$\frac{4}{6}$ ( ) (○) (○)

$\frac{2}{5}$ (○) ( ) (○)

$\frac{5}{8}$ (○) ( ) (○)

15쪽

문제로 개념을 확인해요

색칠하기 분수에 맞게 색칠하고, 읽어 보세요.

분자의 수만큼 색칠하면 돼!

예 $\frac{6}{8}$ 읽기 (8분의 6) | 예 $\frac{5}{6}$ 읽기 (6분의 5)

예 $\frac{3}{8}$ 읽기 (8분의 3) | 예 $\frac{3}{5}$ 읽기 (5분의 3)

예 $\frac{2}{7}$ 읽기 (7분의 2) | 예 $\frac{4}{6}$ 읽기 (6분의 4)

예 $\frac{7}{10}$ 읽기 (10분의 7) | 예 $\frac{2}{6}$ 읽기 (6분의 2)

17쪽

문제로 개념을 확인해요

쓰기 색칠한 부분과 색칠하지 않은 부분을 분수로 나타내어 보세요.

전체의 수와 부분의 수를 잘 세어 봐! 부분이 색칠한 것과 색칠하지 않은 것으로 두 종류라는 것에 주의해!

$\frac{4}{5}$ $\frac{1}{5}$

$\frac{5}{6}$ $\frac{1}{6}$ | $\frac{2}{4}$ $\frac{2}{4}$

$\frac{3}{4}$ $\frac{1}{4}$ | $\frac{4}{8}$ $\frac{4}{8}$

$\frac{2}{8}$ $\frac{6}{8}$ | $\frac{1}{3}$ $\frac{2}{3}$

18쪽

문제로 개념을 확인해요

표시하기 전체에 알맞은 도형을 찾아 ○표 하세요.

전체를 똑같이 3으로 나눈 것 중의 2입니다. ( ) (○)

전체를 똑같이 6으로 나눈 것 중의 4입니다. (○) ( )

전체를 똑같이 5로 나눈 것 중의 3입니다. ( ) (○)

전체를 똑같이 4로 나눈 것 중의 2입니다. (○) ( )

19쪽

문제로 개념을 확인해요

그리기 부분을 보고 전체를 그려 보세요.

예 예 예 예 예 예 예 예

21쪽

문제로 개념을 확인해요

그리기 — 그림을 주어진 부분의 수로 똑같이 나누어 보세요.

5부분 / 4부분 / 3부분 / 6부분 / 7부분 / 8부분 (예)

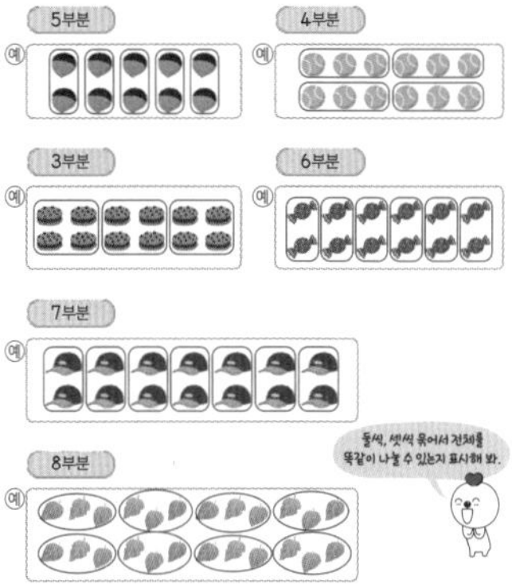

정답 97쪽 21

22쪽

문제로 개념을 확인해요

쓰기 — 색칠한 부분은 전체의 얼마인지 □ 안에 알맞은 수를 써넣어 분수로 나타내세요.

→ $\frac{1}{5}$ → $\frac{2}{6}$

→ $\frac{4}{6}$ → $\frac{1}{3}$

→ $\frac{3}{4}$ → $\frac{2}{3}$

22 정답 97쪽

23쪽

문제로 개념을 확인해요

표시하기 — 그림을 보고 바르게 말한 사람에 ○표 하세요.

6은 16의 $\frac{2}{8}$야. ( )   14는 16의 $\frac{7}{8}$이야. (○)

6은 18의 $\frac{3}{9}$이야. (○)   10은 18의 $\frac{6}{9}$이야. ( )

8은 20의 $\frac{2}{5}$야. (○)   12는 20의 $\frac{4}{5}$야. ( )

4는 14의 $\frac{3}{7}$이야. ( )   10은 14의 $\frac{5}{7}$야. (○)

9는 12의 $\frac{3}{4}$이야. (○)   3은 12의 $\frac{2}{4}$야. ( )

4는 24의 $\frac{1}{6}$이야. (○)   20은 24의 $\frac{4}{6}$야. ( )

정답 97쪽 23

25쪽

문제로 개념을 확인해요

쓰기 — 그림을 똑같이 나누어 보고 □ 안에 알맞은 수를 써넣으세요.

16의 $\frac{1}{4}$은 4   15의 $\frac{3}{5}$은 9

15의 $\frac{2}{3}$는 10   18의 $\frac{5}{6}$는 15

28의 $\frac{3}{7}$은 12   24의 $\frac{7}{8}$은 21

정답 97쪽 25

26쪽

문제로 개념을 확인해요

쓰기 — □ 안에 알맞은 수를 써넣으세요.

10의 $\frac{3}{5}$은 6   16의 $\frac{2}{8}$는 4

12의 $\frac{2}{3}$는 8   15의 $\frac{3}{5}$은 9

20의 $\frac{1}{4}$은 5   21의 $\frac{1}{3}$은 7

24의 $\frac{3}{4}$은 18   25의 $\frac{4}{5}$는 20

28의 $\frac{6}{7}$은 24   30의 $\frac{1}{6}$은 5

32의 $\frac{2}{8}$는 8   35의 $\frac{2}{5}$는 14

36의 $\frac{4}{6}$는 24   40의 $\frac{5}{8}$는 25

26 정답 97쪽

27쪽

문제로 개념을 확인해요

선 잇기 — 같은 수끼리 선으로 이어 보세요.

15의 $\frac{2}{3}$ — 25의 $\frac{2}{5}$

20의 $\frac{1}{4}$ — 30의 $\frac{1}{6}$

16의 $\frac{7}{8}$ — 28의 $\frac{2}{4}$

12의 $\frac{3}{4}$ — 21의 $\frac{3}{7}$

24의 $\frac{2}{8}$ — 10의 $\frac{3}{5}$

25의 $\frac{3}{5}$ — 30의 $\frac{3}{6}$

정답 97쪽 27

29쪽

문제로 개념을 확인해요

쓰기 — 분수만큼 색칠하고, □ 안에 알맞은 수를 써넣으세요.

6 cm의 $\frac{1}{3}$은 2 cm   8 cm의 $\frac{1}{4}$은 2 cm

9 cm의 $\frac{2}{3}$는 6 cm   10 cm의 $\frac{3}{5}$은 6 cm

12 cm의 $\frac{3}{4}$은 9 cm   15 cm의 $\frac{2}{5}$는 6 cm

20 cm의 $\frac{3}{5}$은 12 cm   25 cm의 $\frac{4}{5}$는 20 cm

정답 97쪽 29

30쪽

문제로 개념을 확인해요

쓰기 — □ 안에 알맞은 수를 써넣으세요.

4 cm의 $\frac{1}{2}$은 2 cm   5 cm의 $\frac{1}{5}$은 1 cm

6 cm의 $\frac{1}{3}$은 2 cm   8 cm의 $\frac{1}{4}$은 2 cm

10 cm의 $\frac{2}{5}$는 4 cm   12 cm의 $\frac{2}{6}$는 4 cm

15 cm의 $\frac{3}{5}$은 9 cm   14 cm의 $\frac{3}{7}$은 6 cm

16 cm의 $\frac{5}{8}$는 10 cm   20 cm의 $\frac{4}{5}$는 16 cm

21 cm의 $\frac{5}{7}$는 15 cm   24 cm의 $\frac{7}{8}$은 21 cm

30 cm의 $\frac{5}{6}$는 25 cm   32 cm의 $\frac{3}{4}$은 24 cm

30 정답 97쪽

31쪽

문제로 개념을 확인해요

선 잇기 — 같은 수끼리 선으로 이어 보세요.

15 cm의 $\frac{2}{5}$ — 12 cm의 $\frac{2}{4}$

10 cm의 $\frac{4}{5}$ — 24 cm의 $\frac{2}{6}$

16 cm의 $\frac{3}{4}$ — 28 cm의 $\frac{3}{7}$

20 cm의 $\frac{1}{4}$ — 25 cm의 $\frac{1}{5}$

32 cm의 $\frac{5}{8}$ — 30 cm의 $\frac{4}{6}$

정답 97쪽 31

33쪽

문제로 개념을 확인해요

색칠하기 알맞은 분수의 이름에 색칠하세요.

$\frac{2}{3}$	진분수
$\frac{15}{10}$	가분수
$1\frac{7}{8}$	대분수
$\frac{5}{4}$	가분수
$\frac{3}{7}$	진분수
$\frac{8}{6}$	가분수
$\frac{8}{6}$	가분수
$2\frac{3}{4}$	대분수

34쪽

문제로 개념을 확인해요

표시하기 알맞은 분수를 모두 찾아 ○표 하세요.

- 진분수: ($\frac{1}{3}$) ($\frac{2}{3}$) $\frac{3}{3}$ $\frac{4}{3}$ $\frac{5}{3}$
- 진분수: ($\frac{2}{7}$) $1\frac{2}{3}$ $\frac{5}{4}$ $2\frac{2}{5}$ ($\frac{5}{9}$)
- 가분수: $\frac{1}{4}$ $\frac{2}{4}$ $\frac{3}{4}$ ($\frac{4}{4}$) ($\frac{5}{4}$)
- 가분수: $\frac{5}{6}$ $1\frac{5}{7}$ ($\frac{12}{5}$) ($\frac{9}{4}$) $3\frac{2}{7}$
- 대분수: $\frac{5}{5}$ ($1\frac{1}{4}$) $\frac{8}{12}$ $\frac{13}{7}$ ($1\frac{7}{10}$)
- 대분수: ($2\frac{2}{3}$) $\frac{3}{6}$ $\frac{8}{5}$ ($1\frac{8}{9}$) $\frac{13}{7}$
- 자연수: $\frac{4}{4}$ (2) $\frac{4}{5}$ $2\frac{7}{11}$ $\frac{13}{5}$
- 대분수: ($1\frac{5}{9}$) $\frac{2}{6}$ $\frac{7}{9}$ ($2\frac{3}{8}$) $\frac{9}{4}$

35쪽

문제로 개념을 확인해요

표시하기 이름에 맞는 분수가 되도록 분자가 될 수 있는 수를 모두 찾아 ○표 하세요.

- 분자가 분모보다 작아. — 진분수 $\frac{□}{5}$: (2) (4) 5 8 9
- 분자가 분모와 같거나 분모보다 커. — 가분수 $\frac{□}{8}$: 5 7 (8) (10) (13)
- 자연수와 진분수로 되어 있어. — 대분수 $1\frac{□}{12}$: (1) (5) 12 14 17
- 진분수 $\frac{□}{10}$: (3) (8) 10 13 16
- 가분수 $\frac{□}{6}$: 4 (6) (8) (10) (13)
- 대분수 $2\frac{□}{7}$: (1) (3) 7 10 12
- 진분수 $\frac{□}{9}$: (1) (4) 9 12 15

37쪽

문제로 개념을 확인해요

쓰기 대분수를 가분수로 나타내어 보세요.

$1\frac{1}{3}$ → ($\frac{4}{3}$)	$1\frac{3}{4}$ → ($\frac{7}{4}$)
$1\frac{1}{5}$ → ($\frac{6}{5}$)	$2\frac{2}{3}$ → ($\frac{8}{3}$)
$1\frac{1}{9}$ → ($\frac{10}{9}$)	$1\frac{2}{6}$ → ($\frac{8}{6}$)
$2\frac{1}{4}$ → ($\frac{9}{4}$)	$1\frac{2}{7}$ → ($\frac{9}{7}$)
$1\frac{2}{10}$ → ($\frac{12}{10}$)	$1\frac{5}{8}$ → ($\frac{13}{8}$)
$3\frac{3}{4}$ → ($\frac{15}{4}$)	$4\frac{1}{3}$ → ($\frac{13}{3}$)

38쪽

문제로 개념을 확인해요

쓰기 가분수를 대분수로 나타내어 보세요.

$\frac{5}{3}$ → ($1\frac{2}{3}$)	$\frac{7}{4}$ → ($1\frac{3}{4}$)
$\frac{13}{5}$ → ($2\frac{3}{5}$)	$\frac{20}{9}$ → ($2\frac{2}{9}$)
$\frac{11}{6}$ → ($1\frac{5}{6}$)	$\frac{15}{7}$ → ($2\frac{1}{7}$)
$\frac{26}{3}$ → ($8\frac{2}{3}$)	$\frac{30}{4}$ → ($7\frac{2}{4}$)
$\frac{36}{5}$ → ($7\frac{1}{5}$)	$\frac{22}{10}$ → ($2\frac{2}{10}$)
$\frac{8}{7}$ → ($1\frac{1}{7}$)	$\frac{15}{11}$ → ($1\frac{4}{11}$)

39쪽

문제로 개념을 확인해요

선 잇기 같은 분수끼리 선으로 이으세요.

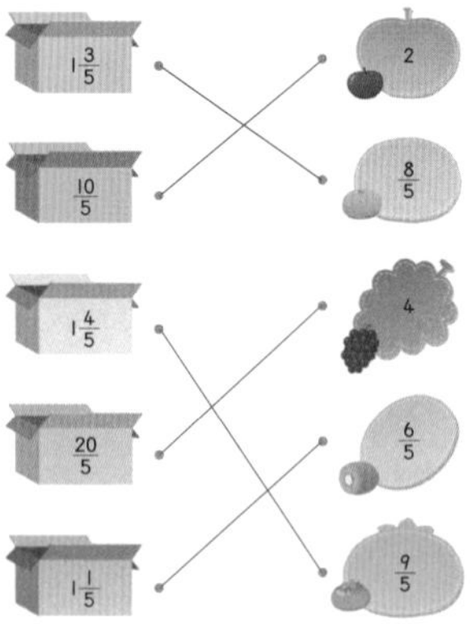

41쪽

문제로 개념을 확인해요

색칠하기 분수만큼 색칠하고, ○ 안에 >, =, <를 알맞게 써넣으세요.

$\frac{2}{4}$ (<) $\frac{3}{4}$

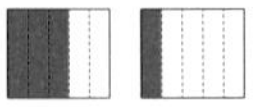

$\frac{3}{5}$ (>) $\frac{1}{5}$

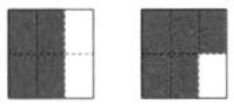

$\frac{4}{6}$ (<) $\frac{5}{6}$

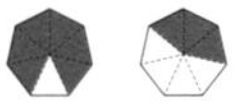

$\frac{6}{7}$ (>) $\frac{3}{7}$

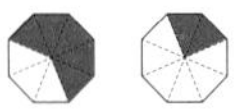

$\frac{5}{8}$ (>) $\frac{2}{8}$

$\frac{7}{9}$ (>) $\frac{6}{9}$

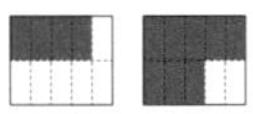

$\frac{4}{10}$ (<) $\frac{8}{10}$

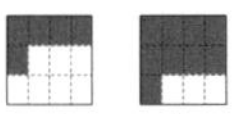

$\frac{5}{12}$ (<) $\frac{9}{12}$

42쪽

문제로 개념을 확인해요

쓰기 두 분수의 크기를 비교하여 ○ 안에 >, =, <를 알맞게 써넣으세요.

$\frac{4}{15}$ (<) $\frac{11}{15}$	$\frac{19}{23}$ (>) $\frac{13}{23}$
$\frac{10}{12}$ (>) $\frac{8}{12}$	$\frac{12}{17}$ (<) $\frac{15}{17}$
$\frac{9}{14}$ (>) $\frac{5}{14}$	$\frac{8}{11}$ (>) $\frac{7}{11}$
$\frac{8}{10}$ (>) $\frac{6}{10}$	$\frac{7}{9}$ (>) $\frac{4}{9}$
$\frac{4}{8}$ (<) $\frac{5}{8}$	$\frac{4}{5}$ (>) $\frac{3}{5}$
$\frac{3}{4}$ (>) $\frac{1}{4}$	$\frac{2}{3}$ (>) $\frac{1}{3}$
$\frac{7}{20}$ (<) $\frac{9}{20}$	$\frac{10}{12}$ (>) $\frac{6}{12}$

43쪽

문제로 개념을 확인해요

표시하기 □ 안에 들어갈 수 있는 수를 모두 찾아 ○표 하세요.

- $\frac{□}{12} < \frac{8}{12}$ → (3) (7) 8 10 12
- $\frac{□}{5} < \frac{4}{5}$ → (1) (2) 4 7 10
- $\frac{□}{11} < \frac{8}{11}$ → (3) (5) 8 9 10
- $\frac{□}{9} < \frac{2}{9}$ → (1) 3 5 7 8
- $\frac{4}{13} < \frac{□}{13}$ → 1 3 4 (5) (12)
- $\frac{14}{16} < \frac{□}{16}$ → 11 12 13 14 (15)
- $\frac{□}{14} < \frac{11}{14}$ → (9) (10) 11 12 13

45쪽

문제로 개념을 확인해요

색칠하기 — 분수만큼 색칠하고, ○ 안에 >, =, <를 알맞게 써넣으세요.

$\frac{1}{4}$ (>) $\frac{1}{5}$ | $\frac{1}{10}$ (<) $\frac{1}{5}$

$\frac{1}{6}$ (<) $\frac{1}{4}$ | $\frac{1}{12}$ (<) $\frac{1}{9}$

$\frac{1}{8}$ (>) $\frac{1}{12}$ | $\frac{1}{6}$ (>) $\frac{1}{8}$

$\frac{1}{3}$ (>) $\frac{1}{6}$ | $\frac{1}{2}$ (>) $\frac{1}{4}$

정답 99쪽 45

46쪽

문제로 개념을 확인해요

쓰기 — 두 분수의 크기를 비교하여 ○ 안에 >, =, <를 알맞게 써넣으세요.

$\frac{1}{12}$ (>) $\frac{1}{15}$ | $\frac{1}{17}$ (<) $\frac{1}{9}$

$\frac{1}{23}$ (<) $\frac{1}{3}$ | $\frac{1}{16}$ (<) $\frac{1}{11}$

$\frac{1}{14}$ (<) $\frac{1}{5}$ | $\frac{1}{22}$ (<) $\frac{1}{17}$

$\frac{1}{10}$ (<) $\frac{1}{3}$ | $\frac{1}{9}$ (>) $\frac{1}{18}$

$\frac{1}{4}$ (>) $\frac{1}{12}$ | $\frac{1}{8}$ (>) $\frac{1}{20}$

$\frac{1}{20}$ (<) $\frac{1}{6}$ | $\frac{1}{14}$ (<) $\frac{1}{7}$

$\frac{1}{5}$ (>) $\frac{1}{13}$ | $\frac{1}{4}$ (>) $\frac{1}{15}$

46 정답 99쪽

47쪽

문제로 개념을 확인해요

표시하기 — 가장 큰 분수에 ○표, 가장 작은 분수에 △표 하세요.

분모의 수가 가장 작은 것과 가장 큰 것을 찾으면 돼!

(○)$\frac{1}{2}$, $\frac{1}{5}$, $\frac{1}{4}$, (△)$\frac{1}{10}$

$\frac{1}{15}$, (○)$\frac{1}{7}$, (△)$\frac{1}{20}$, $\frac{1}{9}$

$\frac{1}{12}$, (○)$\frac{1}{3}$, $\frac{1}{11}$, (△)$\frac{1}{24}$

(○)$\frac{1}{3}$, (△)$\frac{1}{20}$, $\frac{1}{14}$, $\frac{1}{8}$

(△)$\frac{1}{10}$, $\frac{1}{9}$, $\frac{1}{8}$, (○)$\frac{1}{7}$

정답 99쪽 47

49쪽

문제로 개념을 확인해요

색칠하기 — 분수만큼 색칠하고 ○ 안에 >, =, <를 알맞게 써넣으세요.

$\frac{6}{5}$ (<) $\frac{9}{5}$

$\frac{10}{6}$ (>) $\frac{8}{6}$

$1\frac{3}{4}$ (>) $1\frac{1}{4}$

$1\frac{2}{7}$ (<) $1\frac{6}{7}$

$\frac{10}{8}$ (=) $1\frac{2}{8}$

정답 99쪽 49

50쪽

문제로 개념을 확인해요

쓰기 — 두 분수의 크기를 비교하여 ○ 안에 >, =, <를 알맞게 써넣으세요.

$1\frac{2}{4}$ (<) $\frac{11}{4}$ | $\frac{21}{5}$ (>) $3\frac{2}{5}$

$\frac{10}{6}$ (>) $1\frac{2}{6}$ | $2\frac{3}{7}$ (<) $\frac{23}{7}$

$2\frac{3}{9}$ (<) $\frac{30}{9}$ | $\frac{28}{11}$ (<) $2\frac{7}{11}$

$\frac{35}{13}$ (>) $2\frac{6}{13}$ | $2\frac{3}{10}$ (=) $\frac{23}{10}$

$2\frac{5}{12}$ (<) $\frac{34}{12}$ | $\frac{40}{13}$ (<) $3\frac{3}{13}$

$\frac{20}{3}$ (<) $7\frac{1}{3}$ | $4\frac{2}{8}$ (>) $\frac{30}{8}$

$2\frac{5}{20}$ (<) $\frac{46}{20}$ | $\frac{42}{15}$ (<) $3\frac{2}{15}$

50 정답 99쪽

51쪽

문제로 개념을 확인해요

표시하기 — 가장 큰 분수에 ○표, 가장 작은 분수에 △표 하세요.

대분수나 가분수로 모양을 같게 고쳐 봐!

$\frac{7}{5}$, (△)$1\frac{1}{5}$, $\frac{16}{5}$, (○)$3\frac{2}{5}$

$2\frac{4}{12}$, (○)$\frac{30}{12}$, (△)$\frac{19}{12}$, $1\frac{8}{12}$

$\frac{29}{10}$, (△)$\frac{7}{10}$, $2\frac{3}{10}$, (○)$\frac{32}{10}$

$3\frac{2}{7}$, (○)$\frac{37}{7}$, (△)$2\frac{6}{7}$, $\frac{29}{7}$

(○)$\frac{40}{15}$, (△)$\frac{8}{15}$, $\frac{32}{15}$, $2\frac{1}{15}$

정답 99쪽 51

52쪽

12 그림과 글로 배워요

1 지호가 여행 가방의 비밀번호를 잊어버렸습니다. 지호가 가방을 열 수 있게 비밀번호를 찾아보세요.

(1) (2) (3)

30을 5씩 묶으면 10은 30의 $\frac{(1)}{6}$입니다.
30을 6씩 묶으면 24는 30의 $\frac{(2)}{5}$입니다.
30을 3씩 묶으면 15는 30의 $\frac{(3)}{10}$입니다.

30을 5씩 묶어 봐요. 모두 6묶음이 되고, 한 묶음의 수는 5예요. 10은 2묶음이에요.
→ 10은 30의 $\frac{2}{6}$예요.

30을 6씩 묶어 봐요. 모두 5묶음이 되고, 한 묶음의 수는 6이에요. 24는 4묶음이에요.
→ 24는 30의 $\frac{4}{5}$예요.

30을 3씩 묶어 봐요. 모두 10묶음이 되고, 한 묶음의 수는 3이에요. 15는 5묶음이에요
→ 15는 30의 $\frac{5}{10}$예요.

가방의 비밀번호는 245 입니다.

52 정답 99쪽

53쪽

2 조건에 맞는 분수를 모두 써 보세요.

단위분수야. / $\frac{1}{2}$보다 작은 분수야. / $\frac{1}{6}$보다 큰 분수야.

단위분수는 분자가 1 인 분수예요.

단위분수는 분모가 클수록 더 작은 수예요. $\frac{1}{2}$보다 작으려면 분모는 2보다 ((커야 해요), 작아야 해요).

단위분수는 분모가 작을수록 더 큰 수예요. $\frac{1}{6}$보다 크려면 분모는 6보다 (커야 해요 , (작아야 해요)).

조건에 맞는 분수는 $\frac{1}{3}$, $\frac{1}{4}$, $\frac{1}{5}$ 입니다.

정답 99쪽 53

54쪽

3 지우가 건전지 10개의 $\frac{2}{5}$를 카메라에 사용했습니다. 지우가 카메라에 사용한 건전지는 몇 개인지 구해 보세요.

건전지 10개

조건 ① 건전지의 수: 10 ② 사용한 건전지: 건전지의 $\frac{2}{5}$

풀이 건전지의 수: 10, 똑같이 5로 나누었을 때 한 묶음의 수: 2
사용한 건전지의 수: 건전지의 수를 똑같이 5로 나눈 것의 2만큼 → 4

답 지우가 카메라에 사용한 건전지는 4 개입니다.

4 수 카드 3장 중에서 2장을 골라 가장 큰 가분수를 만들고 대분수로 나타내어 보세요.

3 5 7

조건 수 카드 2장으로 만들 수 있는 가분수: $\frac{5}{3}$, $\frac{7}{3}$, $\frac{7}{5}$

풀이 가분수는 분자가 분모보다 큰 분수이고, 가장 큰 가분수를 만들려면 수 카드 중에서 가장 작은 수를 분모로 가장 큰 수를 분자로 하면 됩니다.
만든 가분수: $\frac{7}{3}$ → 대분수로 나타내기: $2\frac{1}{3}$

답 가장 큰 가분수는 $\frac{7}{3}$ 이고, 대분수로 나타내면 $2\frac{1}{3}$ 입니다.

54 정답 99쪽

55쪽

5 $\frac{5}{11}$보다 크고 $\frac{10}{11}$보다 작은 분수는 모두 몇 개인지 쓰세요.

$\frac{6}{11}$ $\frac{1}{11}$ $\frac{9}{11}$ $\frac{8}{11}$ $\frac{4}{11}$

조건 분모가 같은 진분수는 분자의 크기가 클수록 (큽니다 , 작습니다).

풀이 모두 분모가 11인 분수이므로 주어진 분수를 분자의 크기가 작은 것부터 쓴 다음 분자의 크기가 5보다 크고 10보다 작은 분수를 찾으면 됩니다.

$\frac{1}{11} < \frac{4}{11} < \frac{6}{11} < \frac{8}{11} < \frac{9}{11}$

답 $\frac{5}{11}$보다 크고 $\frac{10}{11}$보다 작은 분수는 3 개입니다.

6 $1\frac{2}{5}$보다 크고 $\frac{13}{5}$보다 작은 분수를 찾아 쓰세요.

$\frac{6}{5}$ $3\frac{2}{5}$ $2\frac{3}{5}$ $\frac{14}{5}$ $3\frac{1}{5}$ $\frac{12}{5}$

조건 ① $1\frac{2}{5}$를 가분수로 → $\frac{7}{5}$ ② $3\frac{2}{5}$를 가분수로 → $\frac{17}{5}$

③ $2\frac{3}{5}$을 가분수로 → $\frac{13}{5}$ ④ $3\frac{1}{5}$을 가분수로 → $\frac{16}{5}$

풀이 수직선에 나타내 비교해 봅니다.

답 $1\frac{2}{5}$보다 크고 $\frac{13}{5}$보다 작은 분수는 $\frac{12}{5}$ 입니다.

56쪽

13 마무리 평가

똑같이 나누어진 도형에 ○표 하세요.

❶ ( ) (○) ❷ ( ) (○)

분수에 맞게 색칠하고, 읽어 보세요.

❸ $\frac{5}{8}$ 읽기 (8분의 5) ❹ $\frac{4}{5}$ 읽기 (5분의 4)

❺ $\frac{3}{7}$ 읽기 (7분의 3) ❻ $\frac{2}{6}$ 읽기 (6분의 2)

57쪽

표준 시간 20분 맞힌 개수 개

색칠한 부분과 색칠하지 않은 부분을 분수로 나타내어 보세요.

❼ $\frac{1}{2}$ $\frac{1}{2}$ ❽ $\frac{2}{3}$ $\frac{1}{3}$

색칠한 부분은 전체의 얼마인지 □ 안에 알맞은 수를 써넣으세요.

❾ 전체 4 묶음 중에서 1 묶음 → $\frac{1}{4}$

❿ 전체 3 묶음 중에서 1 묶음 → $\frac{1}{3}$

⓫ 전체 6 묶음 중에서 4 묶음 → $\frac{4}{6}$

⓬ 전체 4 묶음 중에서 3 묶음 → $\frac{3}{4}$

58쪽

□ 안에 알맞은 수를 써넣으세요.

⓭ 28의 $\frac{3}{7}$은 12 ⓮ 30의 $\frac{2}{6}$는 10

⓯ 32의 $\frac{5}{8}$는 20 ⓰ 35의 $\frac{1}{5}$은 7

⓱ 16 cm의 $\frac{3}{8}$은 6 cm ⓲ 20 cm의 $\frac{2}{5}$는 8 cm

⓳ 21 cm의 $\frac{3}{7}$는 9 cm ⓴ 24 cm의 $\frac{6}{8}$은 18 cm

알맞은 분수를 모두 찾아 ○표 하세요.

㉑ 진분수: ($\frac{2}{6}$) $1\frac{2}{5}$ $\frac{5}{3}$ $2\frac{2}{7}$ ($\frac{5}{10}$)

㉒ 가분수: ($\frac{5}{4}$) $1\frac{5}{9}$ ($\frac{12}{8}$) $\frac{4}{13}$ $3\frac{2}{7}$

㉓ 대분수: ($2\frac{2}{8}$) $\frac{3}{7}$ $\frac{8}{3}$ ($1\frac{8}{11}$) $\frac{13}{9}$

㉔ 대분수: ($2\frac{2}{9}$) $\frac{3}{5}$ $\frac{7}{2}$ ($1\frac{8}{12}$) $\frac{13}{6}$

59쪽

대분수를 가분수로, 가분수를 대분수로 나타내어 보세요.

㉕ $1\frac{1}{4}$ → ($\frac{5}{4}$) ㉖ $2\frac{2}{5}$ → ($\frac{12}{5}$)

㉗ $\frac{26}{5}$ → ($5\frac{1}{5}$) ㉘ $\frac{30}{7}$ → ($4\frac{2}{7}$)

㉙ $1\frac{1}{3}$ → ($\frac{4}{3}$) ㉚ $2\frac{2}{5}$ → ($\frac{12}{5}$)

㉛ $\frac{26}{6}$ → ($4\frac{2}{6}$) ㉜ $\frac{30}{8}$ → ($3\frac{6}{8}$)

두 분수의 크기를 비교하여 ○ 안에 >, =, <를 알맞게 써넣으세요.

㉝ $\frac{9}{10}$ > $\frac{7}{10}$ ㉞ $\frac{1}{6}$ > $\frac{1}{8}$

㉟ $\frac{3}{8}$ < $\frac{5}{8}$ ㊱ $\frac{1}{21}$ < $\frac{1}{7}$

㊲ $2\frac{5}{20}$ = $\frac{45}{20}$ ㊳ $\frac{42}{10}$ > $3\frac{2}{10}$

㊴ $4\frac{4}{5}$ < $\frac{45}{5}$ ㊵ $\frac{43}{15}$ < $3\frac{7}{15}$

65쪽

문제로 개념을 확인해요

색칠하기 소수만큼 색칠해 보세요.

전체 10칸 중에 몇 칸을 색칠해야 할까?

0.1 0.3 0.5 0.7 0.9

66쪽

문제로 개념을 확인해요

쓰기 색칠한 부분을 분수와 소수로 나타내어 보세요.

전체를 10칸으로 나누었어.

분수 $\frac{2}{10}$ 소수 0.2

분수 $\frac{4}{10}$ 소수 0.4

분수 $\frac{6}{10}$ 소수 0.6

분수 $\frac{8}{10}$ 소수 0.8

분수 $\frac{7}{10}$ 소수 0.7

10으로 똑같이 나눈 것 중의 몇을 나타내는 방법은 두 가지야!

67쪽

문제로 개념을 확인해요

선 잇기 같은 것끼리 이어 보세요.

$\frac{3}{10}$ — 0.1이 3개 — 영점삼

$\frac{1}{10}$이 2개 — 0.2 — 영점이

$\frac{7}{10}$ — 0.1이 7개 — 영점칠

$\frac{1}{10}$이 9개 — 0.9 — 영점구

$\frac{5}{10}$ — 0.5 — 영점오

$\frac{1}{10}$이 4개 — 0.4 — 영점사

69쪽

문제로 개념을 확인해요

쓰기 색칠한 부분은 0.1이 몇 개인 수인지 쓰고, 소수로 나타내세요.

색칠한 부분은 0.1이 몇 개인지 세어 봐!

18 개 → 1.8

22 개 → 2.2

21 개 → 2.1

35 개 → 3.5

46 개 → 4.6

70쪽

문제로 개념을 확인해요

쓰기 □ 안에 알맞은 수를 쓰세요.

1.4는 0.1이 [14] 개입니다. 1.9는 0.1이 [19] 개입니다.

2.5는 0.1이 [25] 개입니다. 2.7은 0.1이 [27] 개입니다.

3.2는 0.1이 [32] 개입니다. 3.6은 0.1이 [36] 개입니다.

4.8은 0.1이 [48] 개입니다. 5.1은 0.1이 [51] 개입니다.

0.1이 [11] 개이면 1.1입니다. 0.1이 [18] 개이면 1.8입니다.

0.1이 [22] 개이면 2.2입니다. 0.1이 [28] 개이면 2.8입니다.

0.1이 [34] 개이면 3.4입니다. 0.1이 [39] 개이면 3.9입니다.

0.1이 [42] 개이면 4.2입니다. 0.1이 [56] 개이면 5.6입니다.

70 정답 101쪽

71쪽

문제로 개념을 확인해요

선 잇기 같은 것끼리 이어 보세요.

1cm 8mm	4.3cm
43mm	5.2cm
3cm 3mm	1.8cm
52mm	3.3cm
2cm 6mm	6.1cm
61mm	7.7cm
7cm 7mm	2.6cm

정답 101쪽 71

73쪽

문제로 개념을 확인해요

쓰기 전체 크기가 1인 모눈종이에 색칠된 부분의 크기를 소수로 나타내어 보세요.

소수 두 자리 수

소수 세 자리 수

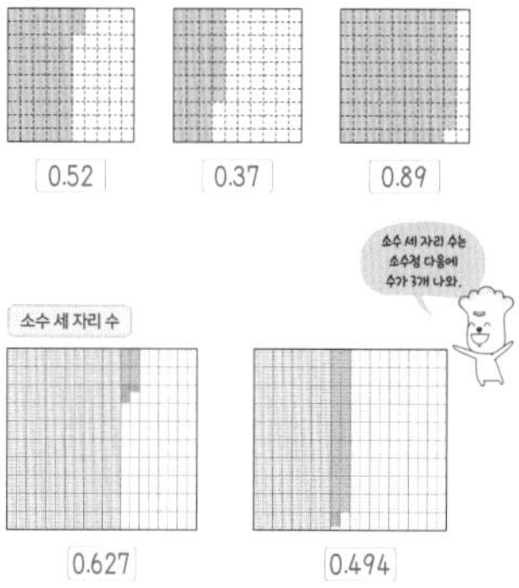

정답 101쪽 73

74쪽

문제로 개념을 확인해요

쓰기 □ 안에 알맞은 수를 써넣으세요.

3.26에서

3은 일의 자리 숫자이고 [3] 을/를 나타냅니다.

2는 소수 첫째 자리 숫자이고 [0.2] 을/를 나타냅니다.

6은 소수 둘째 자리 숫자이고 [0.06] 을/를 나타냅니다.

7.182에서

7은 일의 자리 숫자이고 [7] 을/를 나타냅니다.

1은 소수 첫째 자리 숫자이고 [0.1] 을/를 나타냅니다.

8은 소수 둘째 자리 숫자이고 [0.08] 을/를 나타냅니다.

2는 소수 셋째 자리 숫자이고 [0.002] 을/를 나타냅니다.

4.365에서

4는 일의 자리 숫자이고 [4] 을/를 나타냅니다.

3은 소수 첫째 자리 숫자이고 [0.3] 을/를 나타냅니다.

6은 소수 둘째 자리 숫자이고 [0.06] 을/를 나타냅니다.

5는 소수 셋째 자리 숫자이고 [0.005] 을/를 나타냅니다.

74 정답 101쪽

75쪽

문제로 개념을 확인해요

선 잇기 같은 것끼리 이어 보세요.

0.02	0.27
1.55	이 점 일팔육
$\frac{27}{100}$	영 점 영이
2.186	일 점 오오
0.357	0.528
$\frac{528}{1000}$	오 점 이구
5.29	영 점 삼오칠

정답 101쪽 75

77쪽

문제로 개념을 확인해요

쓰기 빈칸에 알맞은 수를 써넣으세요.

소수점을 중심으로 수가 어느 방향으로 움직일지 생각해 봐!

6 → $\frac{1}{10}$ → [0.6] → $\frac{1}{10}$ → [0.06]

0.5 → $\frac{1}{10}$ → [0.05] → $\frac{1}{10}$ → [0.005]

13.7 → $\frac{1}{10}$ → [1.37] → $\frac{1}{10}$ → [0.137]

0.8 → 10배 → [8] → 10배 → [80]

0.92 → 10배 → [9.2] → 10배 → [92]

0.214 → 10배 → [2.14] → 10배 → [21.4]

정답 101쪽 77

78쪽

문제로 개념을 확인해요

표시하기 다른 수를 설명한 친구에 ○표 하세요.

1235의 $\frac{1}{100}$	1.235의 10배	12.35의 $\frac{1}{10}$
( )	( )	(○)
2.48의 100배	2480의 $\frac{1}{10}$	248의 10배
( )	( )	(○)
4.809의 10배	48.09의 100배	480.9의 $\frac{1}{10}$
( )	(○)	( )

78 정답 101쪽

79쪽

문제로 개념을 확인해요

쓰기 ㉠이 나타내는 수는 ㉡이 나타내는 수의 몇 배인지 쓰세요.

12.452 (㉠ ㉡) (1000배)	28.081 (㉠ ㉡) (100배)
51.095 (㉠ ㉡) (10000배)	6.373 (㉠ ㉡) (100배)
60.168 (㉠ ㉡) (1000배)	9.09 (㉠ ㉡) (100배)
0.767 (㉠ ㉡) (100배)	83.248 (㉠ ㉡) (10000배)

정답 101쪽 79

81쪽

문제로 개념을 확인해요

색칠하기 전체 크기가 1인 모눈종이에 두 소수를 나타내고, 크기를 비교해 보세요.

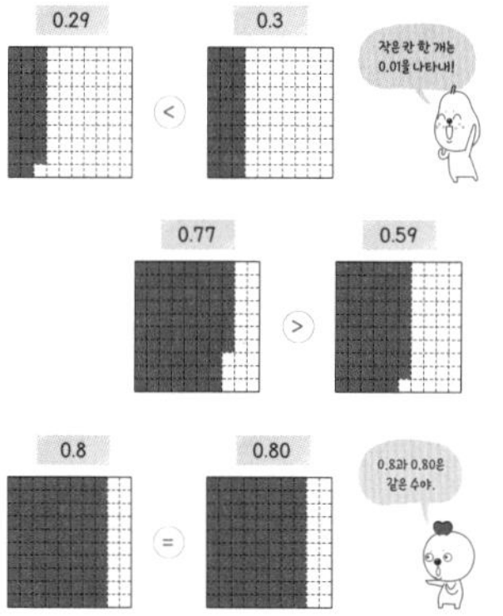

정답 101쪽 81

82쪽

문제로 개념을 확인해요

쓰기 두 수의 크기를 비교하여 ○ 안에 >, =, <를 알맞게 써넣으세요.

1.201 < 18.08	0.008 < 0.08
7.92 < 17.2	16.98 > 1.897
0.656 < 1.92	2.80 = 2.8
27.98 > 2.789	0.085 < 0.85
2.076 > 1.9	33.897 > 3.865
8.05 > 8.005	31.2 > 3.078
90.87 > 9.087	6.29 < 62.9

82 정답 102쪽

83쪽

문제로 개념을 확인해요

표시하기 가장 무거운 것을 찾아 ○표 하세요.

0.54kg ( ) 0.2kg ( ) 0.55kg (○)

1.2kg ( ) 1.05kg ( ) 1.205kg (○)

2.28kg ( ) 3.01kg (○) 2.9kg ( )

4.29kg (○) 4.09kg ( ) 4.20kg ( )

정답 102쪽 83

84쪽

06 그림과 글로 배워요

1 조건을 만족하는 소수를 쓰고 읽어 보세요.

조건
- 소수 세 자리 수입니다.
- 소수 첫째 자리 숫자는 8입니다.
- 소수 둘째 자리 숫자는 1입니다.
- 소수 셋째 자리 숫자는 7입니다.
- 5보다 크고 6보다 작습니다.

자연수. ■ ■ ■

소수 첫째 자리 소수 둘째 자리 소수 셋째 자리

소수 세 자리 수의 모양을 써 봐.

각 자리의 숫자를 자리에 맞게 써요.

자연수. 8 1 7

5보다 크고 6보다 작은 수라는 조건에서

이 소수 세 자리 수의 자연수가 5 임을 알 수 있어요.

조건을 만족하는 소수는 5.817 이고,

오 점 팔일칠 이라고 읽습니다.

84 정답 102쪽

85쪽

2 1부터 9까지의 자연수 중에서 □ 안에 공통으로 들어갈 수 있는 수를 모두 쓰세요.

3.5 < 3.□ 0.□ < 0.8

3.5 < 3.□

자연수 부분이 3으로 같으므로 □ 안에는 5보다 큰 수가 들어갈 수 있어요. 들어갈 수 있는 수에 모두 ○표 해 봐요.

(1 , 2 , 3 , 4 , 5 , ⑥, ⑦, ⑧, ⑨)

0.□ < 0.8

자연수 부분이 0으로 같으므로 □ 안에는 8보다 작은 수가 들어갈 수 있어요. 들어갈 수 있는 수에 모두 ○표 해 봐요.

(①, ②, ③, ④, ⑤, ⑥, ⑦, 8 , 9)

두 식에 공통으로 들어갈 수 있는 수에 ○표 해 봐요.

(1 , 2 , 3 , 4 , 5 , ⑥, ⑦, 8 , 9)

□ 안에 공통으로 들어갈 수 있는 수는 6, 7 입니다.

정답 102쪽 85

86쪽

3 ㉠, ㉡, ㉢에 알맞은 소수를 쓰세요.

㉠ km ㉡ km ㉢ km

0 1 km 2 km 3 km

조건 1 km를 10으로 똑같이 나눈 한 칸: 0.1 km

풀이 ㉠은 0부터 작은 눈금 6칸 간 곳이므로 0.6 km입니다.
㉡은 1 km부터 작은 눈금 3칸 간 곳이므로 1.3 km입니다.
㉢은 2 km부터 작은 눈금 7칸 간 곳이므로 2.7 km입니다.

답 ㉠= 0.6 , ㉡= 1.3 , ㉢= 2.7 입니다.

4 □ 안에 들어가는 수를 모두 더하면 얼마인지 구하세요.

- 2.7은 0.027의 □배입니다.
- 40은 0.04의 □배입니다.
- 15.28은 1.528의 □배입니다.

조건 0.027 —100배→ 2.7, 0.04 —1000배→ 40, 1.528 —10배→ 15.28

풀이 □ 안에 들어가는 수를 모두 더하면
100 + 1000 + 10 = 1110 입니다.

답 □ 안에 들어가는 수를 모두 더하면 1110 입니다.

86 정답 102쪽

87쪽

5 다음과 같이 길이가 바뀌는 두 상자가 있습니다. 길이가 8.5cm인 장난감을 파란색 상자에 2번 넣고, 노란색 상자에 한 번 넣으면 몇 cm가 되는지 구하세요.

5cm → 10배 → 50 cm   5cm → $\frac{1}{10}$ → 0.5 cm

조건 ① 파란색 상자는 수를 넣으면 10 배가 됩니다.
② 노란색 상자는 수를 넣으면 $\frac{1}{10}$ 이 됩니다.

풀이 파란색 상자에 2번 넣으면 8.5 —10배→ 85 —10배→ 850
노란색 상자에 1번 넣으면 850 —$\frac{1}{10}$배→ 85

답 길이가 8.5 cm인 장난감은 85 cm가 됩니다.

6 지후가 집에서부터 학교, 도서관, 놀이터까지의 거리를 알아보았습니다. 집에서 가까운 곳부터 순서대로 써 보세요.

집~학교	0.538km
집~도서관	1012m
집~놀이터	0.62km

조건 ① 1km=1000m → 1m= 0.001 km
② 1012m= 1.012 km

풀이 집~도서관의 거리를 km로 나타내 세 소수의 크기를 비교합니다.
집~학교: 0.538 km, 집~도서관: 1.012 km, 집~놀이터: 0.62 km

답 집에서 가까운 곳부터 차례로 쓰면 학교, 놀이터, 도서관 입니다.

정답 102쪽 87

88쪽

07 마무리 평가

색칠한 부분을 분수와 소수로 나타내어 보세요.

❶ 분수 $\frac{5}{10}$ 소수 0.5
❷ 분수 $\frac{7}{10}$ 소수 0.7
❸ 분수 $\frac{6}{10}$ 소수 0.6
❹ 분수 $\frac{4}{10}$ 소수 0.4

같은 것끼리 이어 보세요.

❺ $\frac{1}{10}$이 3개 — 0.3 — 영 점 삼
❻ $\frac{6}{10}$ — 0.6 — 영 점 육
❼ $\frac{1}{10}$이 9개 — 0.9 — 영 점 구

88 정답 102쪽

89쪽

목표 시간 20분 맞힌 개수 개

□ 안에 알맞은 수를 쓰세요.

❽ 3.4는 0.1이 34 개입니다.   ❾ 5.1은 0.1이 51 개입니다.

❿ 2.9는 0.1이 29 개입니다.   ⓫ 7.5는 0.1이 75 개입니다.

⓬ 0.1이 55 개이면 5.5입니다.   ⓭ 0.1이 12 개이면 1.2입니다.

⓮ 0.1이 67 개이면 6.7입니다.   ⓯ 0.1이 46 개이면 4.6입니다.

같은 것끼리 이어 보세요.

⓰ 4 cm 5 mm — 4.5 cm
⓱ 88 mm — 8.8 cm
⓲ 2 cm 6 mm — 2.6 cm
⓳ 9 mm — 0.9 cm
⓴ 1 cm 3 mm — 1.3 cm

정답 102쪽 89

90쪽

□ 안에 알맞은 수를 써넣으세요.

㉑ 7.18에서
7은 일의 자리 숫자이고 7 을/를 나타냅니다.
1은 소수 첫째 자리 숫자이고 0.1 을/를 나타냅니다.
8은 소수 둘째 자리 숫자이고 0.08 을/를 나타냅니다.

㉒ 6.754에서
6은 일의 자리 숫자이고 6 을/를 나타냅니다.
7은 소수 첫째 자리 숫자이고 0.7 을/를 나타냅니다.
5는 소수 둘째 자리 숫자이고 0.05 을/를 나타냅니다.
4는 소수 셋째 자리 숫자이고 0.004 을/를 나타냅니다.

같은 것끼리 이어 보세요.

㉓ 2.04 — 이 점 영사
㉔ $\frac{43}{100}$ — 0.43
㉕ 3.198 — 삼 점 일구팔
㉖ 0.672 — 영 점 육칠이

90 정답 102쪽

91쪽

그림을 보고 □ 안에 알맞은 수를 쓰세요.

㉗ 20.6 —$\frac{1}{10}$→ 2.06 —$\frac{1}{10}$→ 0.206

㉘ 0.104 —10배→ 1.04 —10배→ 10.4

㉠이 나타내는 수는 ㉡이 나타내는 수의 몇 배인지 쓰세요.

㉙ 29.182 (㉠: 2, ㉡: 2)

(10000배)

㉚ 3.171 (㉠: 1, ㉡: 1)

(100배)

두 수의 크기를 비교하여 ○ 안에 >, =, <를 알맞게 써넣으세요.

㉛ 2.145 (<) 2.9

㉜ 28.987 (>) 2.897

㉝ 4.05 (>) 4.005

㉞ 26.1 (>) 2.654

㉟ 50.67 (<) 87.1

㊱ 3.82 (>) 3.8

정답 103쪽 91

상장

이름 ____________

위 어린이는
3학년에게 꼭 필요한 분수와 소수를
스스로 열심히 마쳤습니다.

이에 칭찬하여 이 상장을 드립니다.

년 월 일